KB209132

이어령의 교과서 넘나들기

콘텐츠 크리에이터 **이어령** | 글 **한지은, 정미선** | 그림 **송아람** | 기획 **손영운**

지리편 16 지구촌 곳곳의 살아가는 이야기

살림

생각을 넘나들며 다양한 지식을 익히는 융합형 인재가 되세요!

우리는 지난 몇 년간 엄청난 변화를 겪었습니다. 과학기술과 정보통신기술의 비약적인 발전으로 인해 지난 시절 몇 세기에 걸쳐 누적된 삶의 변동보다 훨씬 더 크고 빠른 변화를 경험해야 했던 것이지요. 스마트폰 같은 디지털 기기들과 트위터, 페이스북 같은 소셜 네트워크 서비스들은 불과 1~2개월의 시간 동안 우리 삶의 방식을 일순간에 바꾸어 놓았습니다. 당연히 지난 시절에 유용했던 생각과 지식 역시 크게 달라질 수밖에 없습니다. 이럴 때 우리 아이들은 미래를 위해 무엇을 준비하고 공부해야 할까요?

저는 이런 이야기를 좋아합니다. 옛날 어떤 사람이 우연히 산속에서 신선을 만났습니다. 신선에게 소원을 말하면 들어준다는 말에 그 사람은 신선을 붙들고 놓아 주지 않았지요. 그리고 신선에게 말했습니다. "저기 저 바위를 황금으로 바꿔 주세요." 다급해진 신선이 지팡이를 휘둘러 커다란 바위를 황금으로 바꾸어 주었습니다. "이제 놓아다오." 그때 그 사람이 눈을 반짝이며 말했습니다. "소원이 바뀌었어요. 그 지팡이를 제게 주세요."

이 이야기는 단순히 고기 잡는 방법을 가르쳐야 한다는 말이 아닙니다. '황금'이라는 창조물에서 황금을 창조하는 '방법'으로 생각을 이동시킬 수 있는 능력이 중요하다는 말입니다. 우리 아이들이 주역이 될 미래는 다양한 방면으로 바라보고 가로지르고 융합할 수 있는 '생각의 능력'이 더없이 중요해지는 시대입니다.

콜럼버스의 일화를 소개할까요. 콜럼버스가 신대륙에 상륙했을 때 어딘가에서 새소리가 들렸습니다. 콜럼버스는 그 새소리를 종달새 소리라고 적었지만, 나중에 밝혀진 바로는 그곳에 종달새는 살지 않았답니다. 콜럼버스는 자신이 알고 있는 지식에 묶여 새(bird) 소리를 새(new) 소리로 듣지 못했던 것입니다. 이런 관습적인 사고가 과거의 생각 방식이었다면 이제 중요해지는 것은 '순환적인 사고'와 '양면적인 사고', 서로 다른 분야를 함께 생각할 수 있는 '복합적인 사고'입니다.

다행히 우리 민족은 이미 오래전부터 이런 사고방식을 부지불식간에 사용하고 있었습니다. 언어적으로 봐도 서양은 한쪽 면만 표현하는 반면 우리는 항상 양면성을 고려했습니다. 고층건물에 있는 '엘리베이터'는 그 뜻을 해석하면 이상합니다. '오르는 기계'라는 뜻이니까요. 우리는 '승강기'라고 씁니다. '오르내리는 기계'라는 뜻이지요. '열고 닫는다'는 뜻의 '여닫이', 나가고 들어온다는 뜻의 '나들이', 이런 어휘들은 양면적인 사고가 잘 반영되어 있습니다.

순환적 사고란 무엇일까요. 가위, 바위, 보에서 '가위'의 의미에 주목해 보도록 하지요. 바위와 보만 있는 세계는 항상 결과가 자명한 세계입니다. 모두 오므리거나 모두 편 것, 이것 아니면 저것만 있는 세계에서는 다양함이 나올 수 없습니다. 그러나 '가위'가 있어서 가위, 바위, 보는 예측 불가능한 결과를 가져올 수 있는 다양성을 갖게 됩니다. 우리는 바로 그 '가위'와 같은 것을 상상해 내고 생각할 줄 알아야 합니다.

그러자면 서로 다른 분야를 넘나들면서 다양한 지식을 융합적이고 통섭적으로 습득해야 합니다. 쓰고 남은 천들은 버려지는 것이 아니라 조각보로 훌륭하게 다시 만들어질 수 있고, 배추 쓰레기가 '시래기'라는 웰빙음식으로 재탄생할 수 있게 만드는 지식의 습득과 활용이 필요합니다.

그렇게 자라난 우리 아이들은 과거와는 다르게 모두가 1등이 될 수 있는 사회에서 풍요로운 삶을 살 수 있을 것입니다. 저는 늘 이렇게 말합니다. "남다른 생각과 지식을 가지고 360도 방향으로 제각기 뛰어나가 그 분야에서 1등이 되어라. 옛날처럼 성적순으로 1등부터 꼴찌까지 줄 세우는 시절이 아니다. 그렇게 저마다의 소질과 생각에 맞는 분야에서 1등이 되어 손 맞잡고 강강술래를 돌아라. 그런 아름다운 세상에서 살아라."라고 말이지요.

스티브 잡스는 스탠퍼드 대학교의 엘리트들에게 이렇게 말했습니다. "Stay hungry, stay foolish!" 졸업하면 성공이 보장된 인재들에게, 그리고 최고의 지성으로 무장한 졸업생들에게 '항상 바보 같아라'라고 말한 것은 어떤 의미일까요. 기존의 지식으로 무장한 사람일수록 세상을 바꿀 뛰어난 생각은 바보같이 느껴진다는 의미가 아닐까요. 현재의 관점에서 불가능할 것 같고 황당하고 쓰임새가 없어 보이는 상상 속에 우리가 예측하지 못했던 엄청난 혁신과 가치가 숨어 있다는 것을 스티브 잡스는 말하고 싶었던 겁니다.

〈이어령의 교과서 넘나들기〉가 우리 젊은 학생들이 그런 행복한 미래(future)에 대한 비전(vision)을 갖는 데 꼭 필요한 융합형(fusion) 교양 지식을 익히고 생각의 넘나들기를 익힐 수 있는 좋은 계기가 되기를 바랍니다.

이어령

작가의 글

지식 대융합 시대의 창조적 교양인을 꿈꾸는 여러분께

현대 사회는 'T자형 인간'을 요구한다고 합니다. 'T자형 인간'이란 자기 분야는 물론이고, 다른 분야에도 깊은 이해가 있는 종합적인 사고 능력을 가진 사람을 일컫는 말입니다. 'T'자에서 '—'는 횡적으로 많이 아는 것을, 'l'는 종적으로 한 분야를 깊이 아는 것을 의미하지요.

왜 현대 사회는 T자형 인간을 원할까요? 그 이유는 21세기가 '지식 대융합의 사회'를 지향하고 있기 때문입니다. 현대는 하루가 다르게 새로운 개념의 첨단 전자 제품이 나오고, 그것이 우리의 지식 정보 전달 시스템을 통째로 바꾸고, 그 결과 문명의 방향이 달라지는 시대입니다. 이 변화무쌍한 현실을 이해하고 이끌어 나갈 수 있는 힘은 오로지 창조적이고 통합적인 상상력과 직관을 가진 'T자형 인간'으로부터 생산되기 때문입니다.

하지만 우리의 현실을 보면 앞이 아득합니다. 'T자형 인간'이 되어 21세기 대한민국을 이끌고 나가야 할 청소년들은 빡빡한 학교 수업과 학원 일정에 쫓겨 다람쥐 통의 다람쥐처럼 제자리 돌기만 하고 있습니다. 학교와 교과서를 통해 배운 지식을 단순히 입시 수단으로만 여기고 있습니다. 학교에서 배운 지식을 다른 지식과 잘 연결하고 융합시켜 지적 능력을 키우는 일에는 관심 밖입니다.

〈이어령의 교과서 넘나들기〉 시리즈는 안타까운 우리 청소년들의 지적 현실을 타개하기 위해 만든 책입니다. '5천 년 인류 문명이 이룩한 모든 교양을 만화로 읽는다.'는 생각으로 만화가 가지는 유머와 재미라는 틀 안에 그동안 인류가 축적한 다양한 지식을 담았습니다. 단순히 한 가지 학문만을 다루는 것이 아니라 다양한 학문이 통합된 융합형 교양 지식을 담아 청소년들이 현대 사회를 창조적으로 살아갈 수 있는 능력을 기를 수 있도록 만들었습니다.

인류 문명의 토대가 되는 지식을 담은 재미있고 명쾌하지만 결코 가볍지 않은 멋진 만화책들이 차례로 독자들 앞으로 찾아갈 것입니다. 우리 청소년들이 이 책들을 읽고 '지식의 대융합 시대'를 선도하는 'T자형 인간'을 꿈꾸는 모습을 보기를 간절히 소망합니다.

기획 손영운

지리는 융합하는 학문입니다!

스마트폰 내비게이션을 활용해 맛집을 찾아가고, 극장에서 본 영화에 등장하는 아름다운 자연 경관을 보며 감탄하고, '메이드 인 차이나'라고 적힌 티셔츠를 사고, 미국 평원의 아이스크림을 먹는다. 이 평범한 일상에 얼마나 자주 '지리'와 만나게 되는지를 알면 여러분은 아마 깜짝 놀랄 거예요. 지리는 우리가 살아가는 '공간'에서 펼쳐지는 다양한 현상을 알려주는 학문입니다. 우리의 삶터와 관련해 수많은 이웃 학문들과 말 그대로 '융합'하는 학문이지요.

21세기 세계화, 정보화 시대에는 비행기로 전 세계 구석구석을 다 갈 수 있고 인터넷으로 모든 정보를 실시간으로 얻을 수 있습니다. 그러므로 지금 우리에게 필요한 것은 어떤 목적으로 지리 정보를 필요로 하는지 파악할 수 있는 '안목'과, 우리가 사는 곳이 이런 모습이 되었으면 좋겠다고 생각할 수 있는 '가치관'입니다. 물론 이것들의 바탕은 우리의 삶터에 대한 '호기심'이겠지요. 이 책에는 전 세계 사람들은 어디로 모이고 이동하는지, 물건들은 어디에서 만들고 팔리는지, 자연 환경을 어떻게 극복하며 삶의 터전을 가꾸고 살아가는지에 대한 수많은 이야기가 담겨 있습니다. 여러분이 이 책을 읽고 지금 사는 곳, 가보고 싶은 곳, 혹은 텔레비전에서 봤던 지구촌의 어떤 곳에 대해 호기심을 갖게 되기를 희망합니다.

글 한지은, 정미선

세상 모든 즐거움이 담긴 지리 여행을 떠나요!

예전부터 희한하게 지리 과목만 맡게 되는 인연에 신기해하며 만화 작업을 했습니다. 그래서 아는 내용이 나올 때는 복습하는 기분으로 그렸고, 새로운 내용이 나올 때는 기사와 뉴스를 접하는 기분으로 그렸죠. '지리'라는 단어만 들어보면 우리가 살고 있는 땅에 대한 공부라는 인식이 큽니다. 하지만 지리는 모든 학습을 담고 있습니다. 사람이 살아가면서 배워야 하는, 배우지 않아도 이미 태어나면서부터 알고 있는 우리 주변의 모든 것을 말이죠. 이 책의 주인공들도 지리 여행을 통해 점점 지리에 흥미를 갖게 되고 즐거운 깨달음을 얻습니다. 여러분도 주인공들과 함께 여행을 시작해 보세요. 지구 반대편 친구들이 사는 모습을 만나 볼 수 있을 것입니다. 물론 우리의 과거와 미래의 모습도 말이죠!

그림 송아람

이어령의 교과서 넘나들기

지리편 16

1장 지리학자는 무엇을 하는 사람일까?

그렇지. 하지만 난 탐험가가 아니거든. 난 탐험가와는 거리가 멀단다. 도시와 강과 산, 바다와 태양과 사막을 보러 다니는 건 지리학자가 하는 일이 아냐.
지리학자는 아주 중요한 사람이라 한가로이 돌아다닐 수가 없지. 난 서재를 떠날 수가 없어.
사막 여우다!

이렇게 서재에서 탐험가들을 만나는 거지. 그들에게 여러 가지 질문을 하여 그들의 기억을 기록하는 거야.
탐험가의 기억 중에 매우 흥미로운 게 있으면 지리학자는 그 사람이 정말 성실한 사람인지를 조사한단다.
반갑소...
난 마르코 폴로.
난 인디애나 존스.
난 김병만...

『어린왕자』에 등장하는 지리학자의 모습을 보면,
바쁘다, 바빠
으랏차!

지리학자는 자신도 잘 모르는 이야기들을 쓸데없이 정리하고 외우는 사람이라는 생각이 들 수도 있어.
계절풍 기후
습곡, 침식, 퇴적
범람원, 삼각주,
도심, 위성도시
이게 다 무슨 말이야...

요즘처럼 인터넷만 켜면 세계 곳곳의 작은 골목에서 벌어지고 있는 일도 바로 알 수 있는 세상에서
뉴스
지식
경제
오락

지리학은 더 이상 공부할 필요가 없는 것일지도 몰라.
컴퓨터로 뭐든지 알 수 있는데, 뭘~.
휘릭
철퍼덕
지리학

지리는 이렇게 외워야할 것
만 많은 고리타분한 과목,
울릉도 동남쪽
뱃길 따라
이백 리
동경 132° 북위 37°
평균기온 12℃
강수량은
1300mm
지리학

최첨단 인터넷 세상에서는 더 이상
필요 없는 뒤떨어진 과목일까?
WWW
걸리적거리니까
비켜!
뻥
꽥!
지리학

지리학은 도대체 언제, 누구에 의해
시작된 걸까?
흑흑, 나는 누구?
지리학
여긴 어디?

사실 지리학에 대한 사람들의 관심은 다른 어떤
학문보다 오래되었다고 할 수 있어.
지리란 무엇일까?

문자가 만들어지기 이전에도 사람들은 동굴이나
점토판, 파피루스 등에 지도를 그려 소통했어.
이건 산.
!
이건 강.

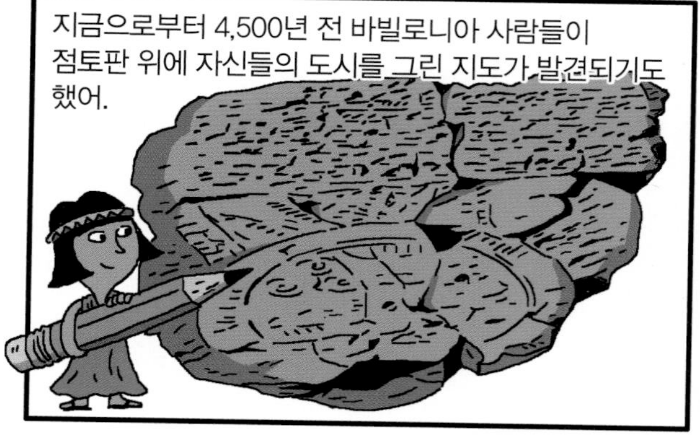
지금으로부터 4,500년 전 바빌로니아 사람들이
점토판 위에 자신들의 도시를 그린 지도가 발견되기도
했어.

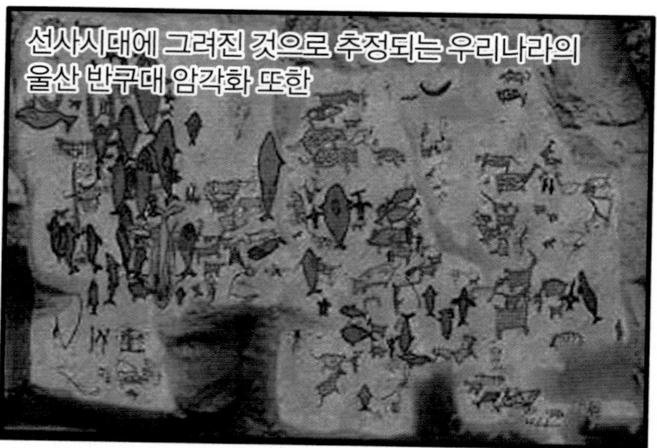
선사시대에 그려진 것으로 추정되는 우리나라의
울산 반구대 암각화 또한

고래와 늑대, 호랑이, 멧돼지뿐만 아니라 고기 잡는 어부와 배, 사냥하는 사람들이 그려진
하나의 지도라고 할 수 있지.

사실 인간의 모든 활동은
지리와 관련돼 있어.

원시시대의 사람들은 어떤
동굴에 살아야 안전할지,
캬오~! 좋은 말로
할 때 나와라!
싫은데?

어느 곳으로 가야 사냥거리를
쉽게 찾을 수 있을지 생각해야
했을 거야.
멧돼지 잡으러
산으로 갈까요~
걸렸다!
함정

이처럼 인간이 세상에 나오는 순간부터

땅의 특성과 기후에 알맞은 생활터전을 찾기 위해 다양한
지리적 문제들을 고민할 수밖에 없지.
보시다시피 입지 조건이
아주 좋은 곳으로, 파격
분양가에 모시고 있습지요.
흠.
재개발
1순위!
내집마련
찬스!

또한 가보지 못한 지역에 대한 궁금증은 인간의 본성 중 하나라고 해.
이번엔 어느 나라를 가 볼까?
중국 사람들은
원숭이 뇌도
먹는다면서요?
진짜? 설마~.

아주 먼 옛날부터 동서양의 여러 나라에서는 여행이나 탐험을 통해 알게 된
더 넓은 세상에 대한 이야기가 전해져 내려오고 있어.
미지의 세계를
향해 출발~!
슈우-
부럽다...
금발머리
왕자님을
만나고파~.
우크라이나에서는
미녀들이 밭을
갈고 있다던데~.

대표적으로 트로이 전쟁과

그리스 영웅들의 이야기를 다룬 호메로스의 『일리아스』, 『오디세이아』와 같은 고대 그리스의 서사시에는 유랑하면서 보고 겪은 여러 지방의 지리적 환경과 주민들의 생활 모습에 관한 내용들이 가득하고,

마르코 폴로의 『동방견문록』을 읽게 된 유럽 사람들은
베스트 셀러!
마르코 자식,
대박났네…….
동방견문록

중국이라는 나라에 대해 강한 호기심을 갖게 되었지.
중국은 어떤 곳일까?
동방견문록

마르코 폴로(Marco Polo, 1254년~1324년)

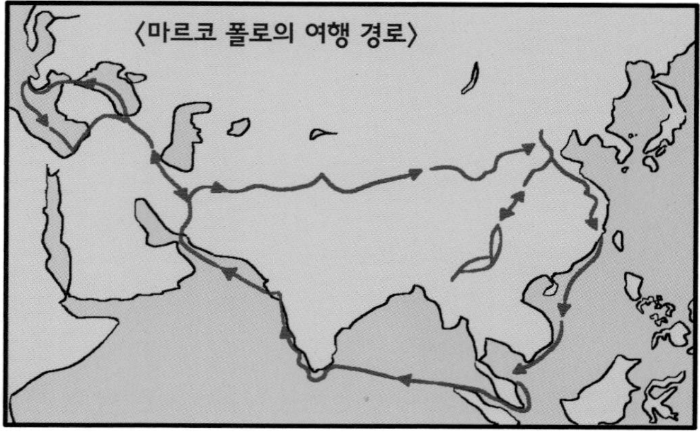
〈마르코 폴로의 여행 경로〉

'지리학(geography)'이라는 말을 처음으로 사용한 사람은 그리스의 철학자 에라토스테네스야.

에라토스테네스(Eratosthenes, 기원전 273년경~기원전 192년경)

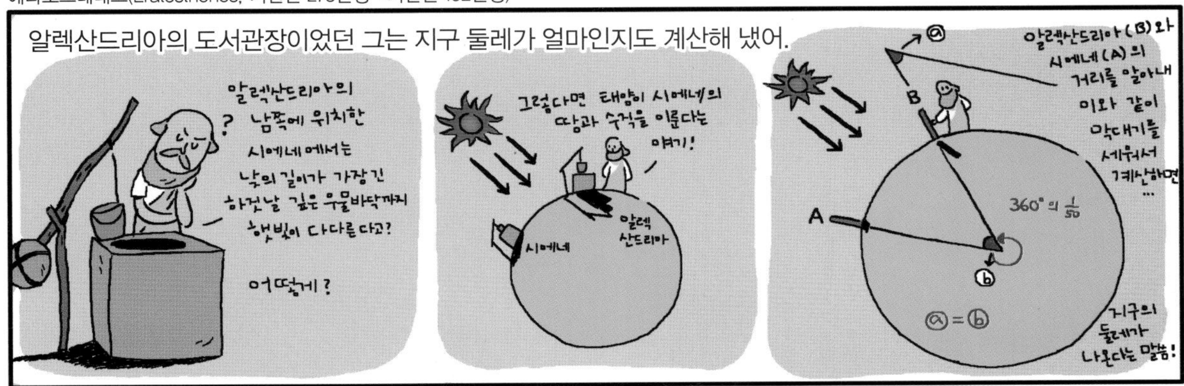

모두 정답!
왜냐하면 지리학은 인간세계와 자연세계를 모두 다루는 학문이기 때문입니다!
정답입니다
와
아!

지리학자들이 관심을 갖고 연구하는 대상들은
어디 보자.
뭘 먼저 연구해 볼까?

화산이나 빙하, 사막이 어디에 있는지,

다양한 지역의 날씨와 기후가 어떻게 다른지에서부터,

어떤 곳에 공장을 짓고 도시를 건설할지,

심지어 우리 고장의 모습에서부터 지구 건너편에 살고 있는 사람들의 생활과 모습에 이르기까지, 무척 다양해.
안녕!
Hello!

어떻게 보면 지리학은 이 넓은 세계 위의 모든 것이 연구 대상이고,
연구할 게 너무 많아!

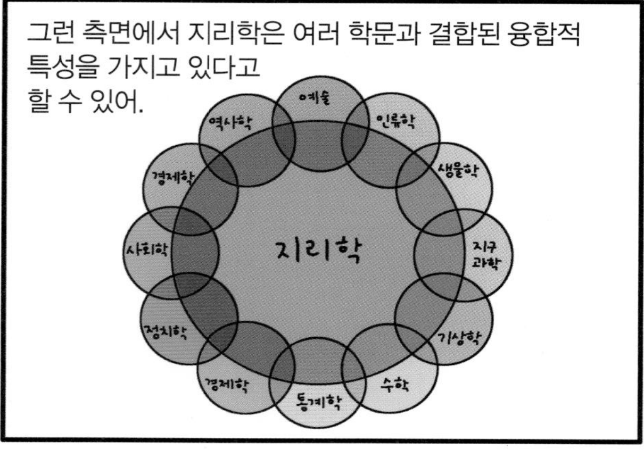
그런 측면에서 지리학은 여러 학문과 결합된 융합적 특성을 가지고 있다고 할 수 있어.
지리학
예술
인류학
생물학
지구과학
기상학
수학
통계학
경제학
정치학
사회학
경제학
역사학

우엥~!
외울 게 너무 많아!
지루해~!
……
지리
휙
휙

그런 내용들은 인터넷으로도 금방 알아낼 수
있는 데 왜 배워야 해?
스마트폰
탁
탁

진정해. 지리학이 지구 위의
다양한 현상들을 다루고 있지만,
지리

그것들을 단순히 나열해서
외우기만 하는 것은 아냐.
지질
기후
사회
환경
인간
지리
그…그만!

지리학은 '그건 어디에
있을까?'에 대한 질문에 계속
답하는 한편,
얜 어디
갔지?

사람이나 물자, 때로는 생각이
어디에서 어디로 이동하는지
추적하기도 하고,
오호…

지역을 중심으로 자연적이고 인문적인
특성들을 종합하고
분석하기도 해.
잡았다!
이거 놔!

이때 잊지 말아야 할 점은 인간과 자연환경 중 어느
하나만을 살펴보는 것이 아니라,
?
?
자연
인간
우이…

둘이 어떻게 서로 관계를 맺는지를 연구하는 거야.
♪
야!
자연
인간

어떤 대학교에서는 지리학과가 인문계열에 속해 있지만,
인문계열
지리학과

다른 대학교에서는 자연계열에 속하기도 해.
자연계열
지리학과

인문과 자연을 함께 연구한다는 점은 지리학만이 가진 장점이라고 할 수 있어.
인문
자연

그렇다면 인간과 자연을 따로 떼놓지 않고 함께 본다는 것은 무슨 말일까?
어흥!
나 좀 꺼내 줘~!

사실 인간과 자연환경이 서로 어떤 관계를 맺고 있는지를 알아내는 것은,
펑

아주 오래 전부터 많은 사람들이 고민해 온 문제 중 하나야.

어떤 사람들은 인간의 생활이 절대적으로 환경의 영향을 받고 있다고 생각했어.

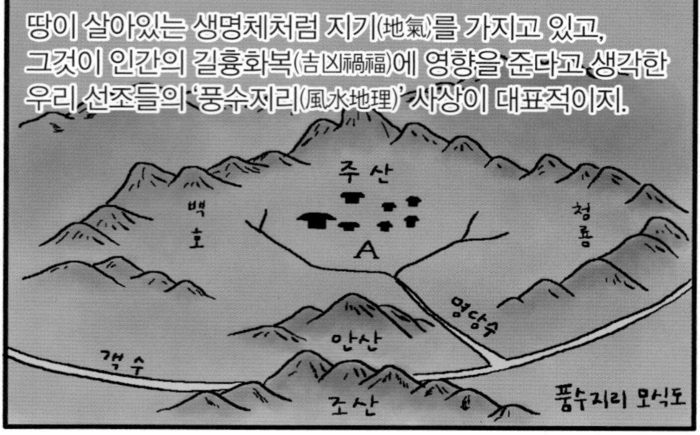
땅이 살아있는 생명체처럼 지기(地氣)를 가지고 있고, 그것이 인간의 길흉화복(吉凶禍福)에 영향을 준다고 생각한 우리 선조들의 '풍수지리(風水地理)' 사상이 대표적이지.
주산
백호
청룡
A
명당수
안산
객수
조산
풍수지리 모식도

히포크라테스(Hippokratēs, 기원전 460년~기원전 377년경)

즉 환경이
인간의 모든 것을 결정지을 수는 없지만,
자연
인간

반면에 인간이 그 관련성을 잊어버리고 일방적으로 자연을 훼손하면
위이이잉
자연
인 간

그 결과가 인간에게 고스란히 돌아온다는 거지.
자연
쿵
아이코
인간

따라서 지리학자들은 이 둘의 관계를 함께 보고자 하는 거야.
흠.

이런 지리학의 특성은 지리학이 연구하는 '지역'을 알게 되면 이해할 수 있어.
지역

지역이란 것은 자연적 특성이나 인문적 특성이 서로 비슷한 공간을 말해.

높은 산에 둘러싸여 있거나,

눈이 많이 오는 곳이거나,

빗물이 금방 땅으로 스며들어 물을 구하기 어려운 곳에 사는 사람들은 서로 다른 모습으로 살아가겠지?
목말라.

또 이렇게 자연적 환경이 서로 다른 곳에서는 집의 지붕을 뾰족하게 만들기도 하고, 평평하게 만들기도 하고,

유럽

그리고 인접해 있는 두 지역의 성격이 뒤섞인 '점이지대'가 나타나기도 하는데, 예를 들어 유럽과 아시아 사이에 있는 터키 같은 나라가 유럽과 아시아의 특성이 모두 나타나는 경우야.

아시아

더군다나 지역의 성격은
한번 만들진 뒤
고정되는 것이 아니라,
가만히 좀 있을래?
꿈틀
우헤헤,
변하고 싶어!
꿈틀

시간이 지나거나,

산업과 교통이 달라지는 것 등에 따라,

끊임없이 변화하는 특성을
가지고 있어서
우히히히!
꺅!
쓔우

지역성을 밝히는 일은 더욱 어렵지.
어느
것이
진짜
일까?

내가 살고 있는 동네를 하나의 지역이라고
생각해 보면
우리 동네

어떻게 지역성을 찾아낼 수 있을까?
여기 있네!
안녕?
쑤욱

제일 먼저 인터넷 검색을 할 거야.
검색어 :
살림마을
탁탁

그렇지만 인터넷에서 이야기하는 우리 동네가
사실과는 많이 다를
수도 있지.
믿을 수
있을까…
그 동네가
원래 외계인
기지였대요.
가끔 공룡
뼈도 발견
된다던데.
이장 김씨가
대통령의
절친이래.
오바마도
살림마을
출신…….

가까운 행정기관을 찾아가서 궁금한 정보들을 얻는 방법도 있어.
면사무소

가장 좋은 방법은 동네를 직접 찾아가서 그곳의 모습을 관찰해 보고,

사진도 찍어 보고,
찰칵~

동네에서 오랫동안 살아오신 어르신들에게 여쭤보는 거야.
내가 이 동네 시집 온 지 벌써 50년이 됐지. 그땐 참 고왔는디…….
거, 흰소리 말어.

이렇게 얻은 다양한 자료들을 모아서,

우리 동네는 다른 지역과 어떻게 다른지를 알아내고,
이런 특징들이 있었군.

우리 동네의 특성들을 다른 곳의 친구들에게 소개하면 매우 재밌을 거야.
살림 마을에 온 것을 환영해!
우리 동네는~.
살림마을

물론 직접 찾아가 보는 것만이 지리학이 아니야.
지리학

우리나라의 구석구석에는 어떠한 특성을 가진 지역들이 있는지,

그곳에 사는 사람들의 생활은 어떻게 달라져 왔을지 알아보는 일은 우리나라를 사랑하는 가장 좋은 방법 중 하나일 거야.

그뿐만이 아니야!
또 뭐가 있어?

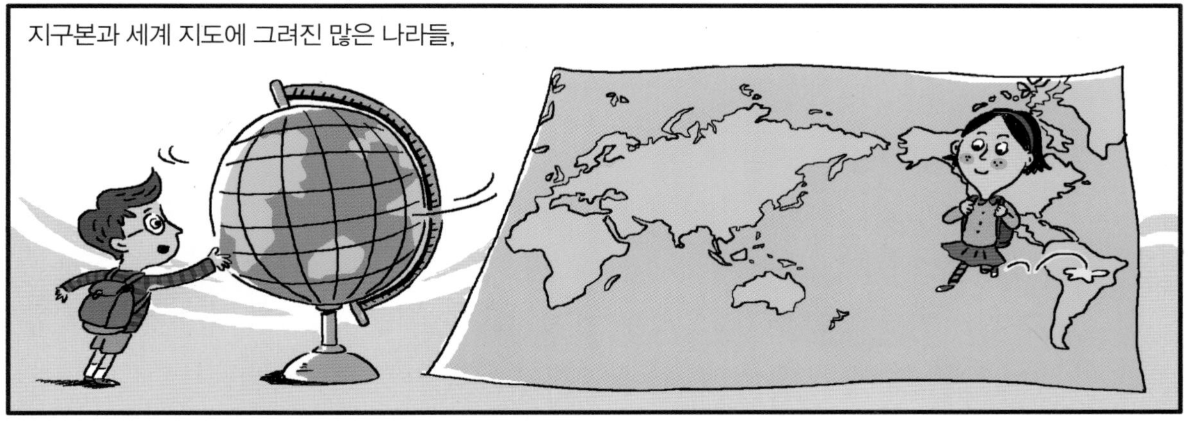
지구본과 세계 지도에 그려진 많은 나라들,

여행기와 영화에서 본 세계 여러 지역에 대해 궁금해하고, 알고 싶어 하고,
아, 저 별에 꼭 가보고 싶다.

언젠가 꼭 가보고 싶어 하는 사람이라면
가보고 싶다…….

어떤 의미에서는 이미 지리학자라고 할 수 있을 거야.
안 되겠다. 직접 가봐야겠어!
여어~, 어디 가니?

여러분도 지금부터 지리학자가 되어보는 건 어때?
판도라 행성에 갈 거야! 너도 따라와!
엥?

'기(氣)'를 팝니다!

'풍수'라는 말은 '바람을 잘 갈무리하고 좋은 물을 얻을 수 있는 공간을 찾아 건강하고 복된 삶을 추구한다'라는 뜻의 '장풍득수(藏風得水)'를 줄인 말이에요. 풍수지리는 신라 말 고려 초에 중국에서 전해졌는데, 나라의 도읍을 정할 때 이 사상에 기초할 정도로 영향력이 컸어요. 풍수사상의 중심에는 땅의 '기(氣)'가 있는데, 기는 과학적으로 증명할 수가 없기 때문에 현대에 와서는 미신으로 여기는 사람도 많았지요. 그러나 풍수는 우리 조상들의 일상생활 속에 깊이 자리 잡고 있었던 생활 철학이었기 때문에 오늘날에도 묘를 쓰거나 집 또는 건물을 지을 때 '기'의 흐름을 살펴 명당을 찾으려고 해요.

풍수지리를 이용한 아파트 광고.

이런 풍수지리가 최근 다시 주목을 받고 있는데, 충남 연기군에 들어선 행정도시(세종시)의 입지 선정에서부터 풍수지리를 응용했어요. 이것은 풍수지리의 의미가 자연과 조화된 균형 있는 국토개발과 인간의 안전과 편리를 도모하는 방향으로 확대되고 있는 추세를 반영하는 거예요.

또 전통 풍수이론을 과학적·논리적으로 검증하려는 학문적 연구가 늘어나고, 산업계도 풍수지리 마케팅을 도입하고 있어요. 풍수지리 마케팅을 가장 적극적으로 활용하고 있는 분야는 바로 아파트 업계에요. 전통적으로 궁궐과 사찰은 물론 소규모 주택에 이르기까지 뒤에 산이 있고 앞에는 하천이 흐르는 '배산임수(背山臨水)'를 선호했어요. 실제로 북쪽에 산지를 두고 집의 방향이 남향이면 햇볕을 많이 받고 겨울철에 북서계절풍을 막아주어 상대적으로 따뜻하지요. 풍수지리적으로

이로운 집터는 주로 산과 강, 하천 등 자연여건이 풍부한 곳으로, 친환경 주거지의 다른 표현이 될 수 있어요.

풍수가 '웰빙'에 대한 관심과 만나면서 기(氣)의 흐름을 고려한 가구 배치와 실내 장식이 인기를 끌고 있어요. 이 풍수 인테리어는 서양에서도 인기가 높아, 미국에서는 클린턴 전 미국 대통령이 백악관 집무실의 인테리어를 풍수 전문가에게 맡겼다고 해요. 우리나라에서는 삼성전자가 매출을 올리기 위해 대리점의 인테리어와 상품 배치 등에 풍수지리 전문가의 의견을 반영했었지요.

집안에 밝고 신선한 기운이 돌기를 원하는 주부들은 풍수 인테리어를 접목해 집안을 꾸미기도 해요. 태양이나 마찬가지인 집안 조명은 어떻게 하는 것이 좋은지, 누가 어느 방을 쓸지, 공부방에 책상은 어디에 놓는 것이 집중이 잘되는지 등등 세세한 것까지 고려하지요.

풍수지리를 이용한 관광도 있어요. 일본 젊은 여성들 사이에서 '파워스폿(Power Spot)' 여행이 인기라고 해요. '파워스폿'이란 한마디로 '기'를 받을 수 있는 곳으로, 특정한 장소에 흐르는 강한 기를 받아 현대 생활의 스트레스를 치유하고 안식을 얻는 여행지를 말하지요. 우리나라에서도 한국의 고궁, 조선왕릉 등 주요 풍수 명소를 파워스폿 관광 코스로 개발하여 내놓았어요.

우리 조상들은 땅을 강한 모성애를 지닌 어머니로 생각했어요. 불확실한 미래를 두려워하는 현대인들이 안정감과 위안을 얻을 수 있는 자연의 품을 그리워하는 것이 풍수지리 인기의 이유일 거예요.

한국의 파워스폿을 알리는 일본 책자.

2장 지도는 거짓말쟁이

근데 너,
지도 볼 줄 알아?

지도? 그런 건
네가 알겠지~.

지도는 약 4,000여 년 전 메소포타미아 지역에서 처음 발명되었다고 해.

바빌로니아 사람들은 종이가 없던 시절 지도를 오래 간직하기 위해 점토판에 지도를 새겼지.

기원전 600년경에 제작된 바빌로니아 세계 지도를 보면 지구는 고리 모양의 큰 바다에 둘러싸인 조그만 원반으로 그려져 있고, 가운데에는 유프라테스 강에 걸쳐진 수도 바빌론이 자리 잡고 있어.

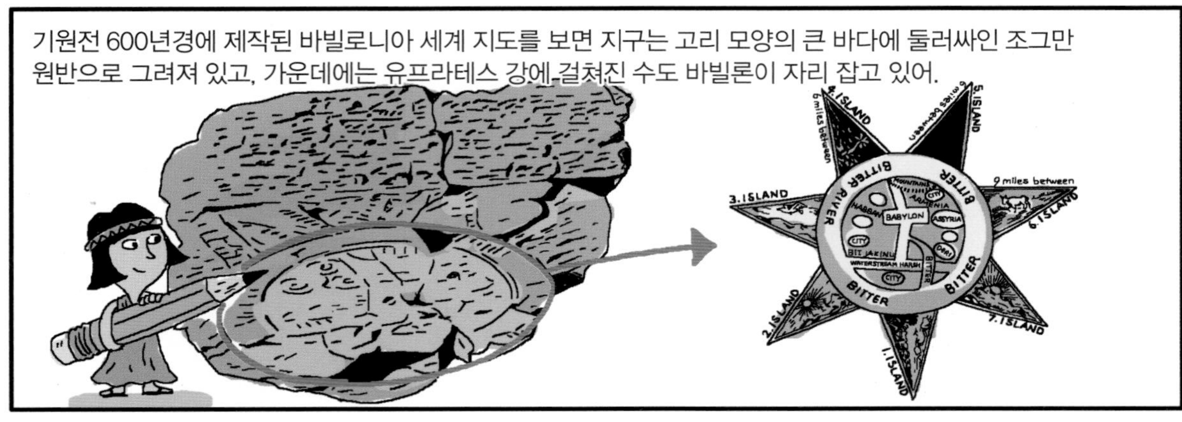

실제 지명도 보이긴 하지만, 몸이 세 개인 사람들이 사는 삼신국, 머리가 셋 달린 사람들이 사는 삼수국,

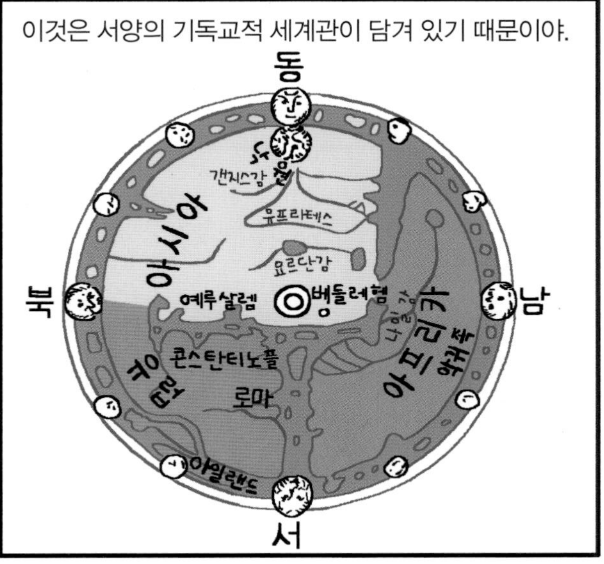

조선 초기(1402년)의 「혼일강리역대국도」는 중국을 너무 크게 그렸고 정확성이 떨어지지만, 당시의 지도로서는 유럽, 아프리카, 중동까지 포함한 훌륭한 세계 지도였어.

그럼에도 불구하고 여전히 「천하도」가 18세기까지 위세를 떨쳤는데,

그 이유는 「천하도」가 조선시대 선비들이 신봉했던 성리학의 이념과 더 잘 맞아떨어졌기 때문이야.

서양에서도 신항로를 개척하기 전까지는 「TO지도」가 「프톨레마이오스 지도」보다 더 인기 있었어.

프톨레마이오스는 2세기경에 활동한 그리스 지리학자로,

프톨레마이오스(Klaudios Ptolemaios, 100년경~170년경)

그리스 · 로마 시대의 지리 지식을 총동원하여 유럽에서 중국까지 지구의 절반을 표현한 세계 지도를 그린 사람이야.

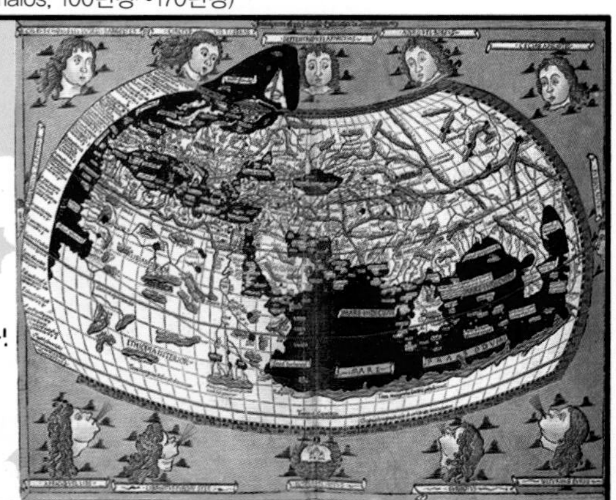

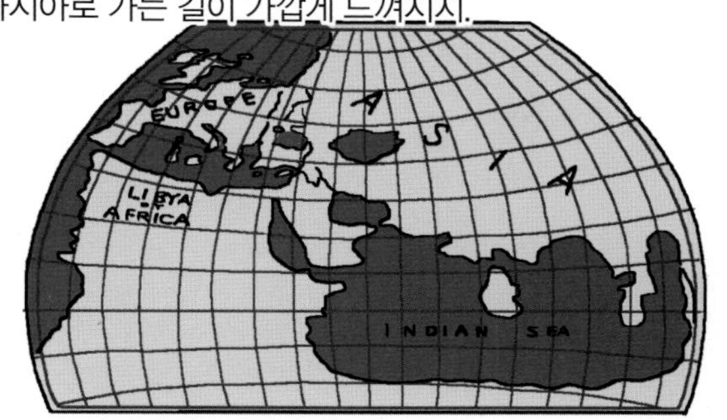
「프톨레마이오스 지도」에는 지중해와 아시아가 크게 그려져 있고, 지구 둘레를 짧게 계산해서 유럽에서 아시아로 가는 길이 가깝게 느껴지지.
EUROPE
ASIA
LIBYA AFRICA
INDIAN SEA

콜럼버스는 이 지도를 보고 유럽의 서쪽을 돌아 조금만 가면 인도가 나올 거라 생각하고 떠났다가 1492년에 아메리카를 발견하게 돼.
앗, 저게 인도인가?
아메리카

인도에 가려고 했던 이유는 당시 유럽에서 인도산 후추가 귀했는데,
냄새 좋지? 인도산 후추를 넣었어~.
그 귀한 걸!
한입만…

인도로 가는 길목을 이슬람 사람들이 차지해서 새로운 무역로가 필요했기 때문이었어.
한 번만 지나갈게요.
우리 구역이야, 돌아가!
이슬람 외 잡상인 출입금지

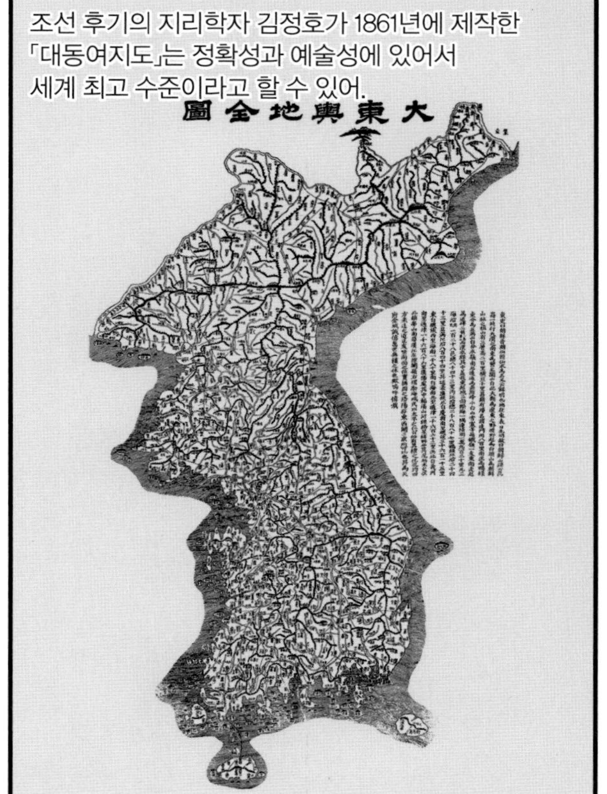
조선 후기의 지리학자 김정호가 1861년에 제작한 「대동여지도」는 정확성과 예술성에 있어서 세계 최고 수준이라고 할 수 있어.
大東輿地全圖

어떻게 그 시대에 오늘날에 뒤지지 않을 정도로 정확한 지도를 그릴 수 있었을까?
와! 이건 진짜 대단한걸…

새로 나온 김정호의 대동여지도!

전체 크기가 자그마치 세로 6.7m, 가로 3.8m의 거대한 지도이지만, 세로가 22첩으로 되어 있어 떼어내면 22권의 지도책이 되는 구조입니다.

3.8m

6.7m

1책 2책 3책 22책

촤라락

와! 접었다 펼 수도 있네요~

또 있습니다!

목판에 새겨 필요할 때마다 찍어 낼 수 있는 편리함!

14개 항목, 22종류의 기호를 만들어 간결하고 풍부한 정보!

점을 찍어 대략 두 지역 간의 거리를 알 수 있는 정확성까지!

이 모든 파격적인 구성이 자시까지 주문하시는 분에 한해 단돈 9.99냥! 주문 폭주하고 있습니다!

난 역시 위대해…

김정호의 대동여지도 무이자 (월 3.3냥×3개월)

지금 주문하시면 김정호 친필 사인 지도를 드립니다

여기 하나 주세요!

저도 하나!

닷냥만 꿔줘…

전에 빌린 돈이나 갚아!

이번엔 우리의
일상생활에서 만날 수 있는
지도를 살펴보자.
드디어 출발하는 거야?

우리가 지하철을 탈 때는 지하철
노선도를 확인하고,
남부터미널은
어디?
여기다!

새로운 맛집을 찾아갈 땐 먼저
약도를 통해 위치를 확인해.
살림약국 사거리에서
직진하다가 좌회전…….
저기다!
송 갈비
살림약국

자동차 안에서는 내비게이션이 길을 안내하고,
경로를
재탐색
중입니다.
몇 번째야!

교실 뒤에 우리나라 전도나 세계 전도를 걸어서
교실을 한결 더 멋지게 장식하기도 하지.
지리
지리
지리

그런데 지도의 모양이 모두 다 똑같지 않은 이유는
사용되는 목적이 다양하기 때문이야.
그럼 우린
어떤 지도를
봐야 해?

자동차는 도로가 그려진 지도를 이용하고,

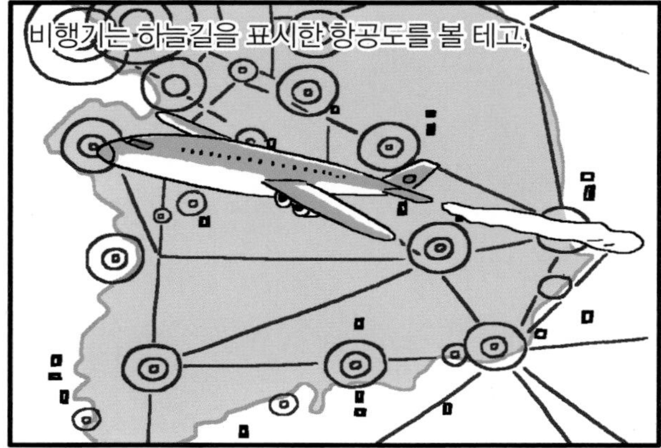
비행기는 하늘길을 표시한 항공도를 볼 테고,

배는 바닷길을 표시한 해도를 볼 거야.

중국집에는 배달을 쉽게 하기 위해 번지수가 쓰여 있는 지번도가 있을 테고,
진짜루

관광지 안내센터에는 볼거리와 맛집이 예쁘게 그려진 관광지도가 있겠지.
배고픈데 뭐 좀 먹고 갈까?
이 집 어때?

모든 지도들은 공통점이 있는데,
다르게 생겼어도 한마음~♪

누구나 알아보기 쉽도록 일정한 약속을 지켜 그린다는 거야.
BUS
혼자서 할머니 댁에 갈 거야!
나만 믿고 따라오면
문제없어!

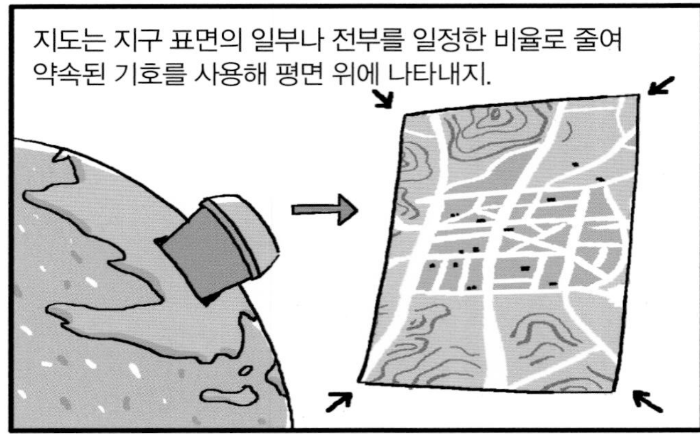
지도는 지구 표면의 일부나 전부를 일정한 비율로 줄여 약속된 기호를 사용해 평면 위에 나타내지.

얼마나 줄였는지(축척), 지도에 쓰인 기호가 무엇을 의미하는지,
0 1: 50.000 1 Km

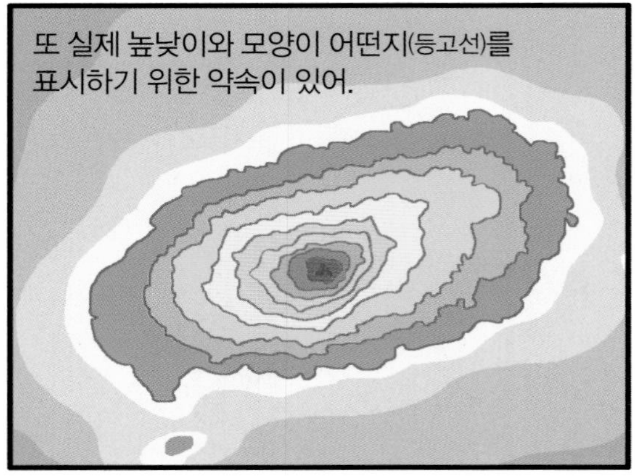
또 실제 높낮이와 모양이 어떤지(등고선)를 표시하기 위한 약속이 있어.

지도를 읽는 사람이 이 약속을 이해하고 있어야 정확하고 효율적으로 지도를 이용할 수 있지.
결국은 또 외우는 거네!
여행 안 가!

지도의 첫 번째 특징은 실제 세상을
줄여서 담는다는 거야.
펑

이때 지도에 나오는 내용을 똑같이 정해진 비율로
담지 않으면 실제 거리나 위치를 알 수 없는 괴상한
지도가 되겠지?
이게 지도야?
하하! 실수…
유럽
미국
한국
일본
중국

이렇게 지도를 만들 때 땅 위에서의 실제 거리를
지도상에 줄여서 나타낸 비율을 '축척'이라고 해.
폴짝!
서울에서
부산까지
한 걸음에!
서울
부산

한 장의 지도에 한 마을을 담는다면 학교, 공장,
마을-회관처럼 자세한 내용까지 볼 수 있어.
짠~! 살림마을
지도 완성!
살림마트
마을회관
살림초등학교
살림중학교
공장
살림사
농협

그러나 같은 크기의 지도에
대한민국을 담는다면,
그릴 것은
너무 많은데~ 하얀
종이가 너무
작아서~♪

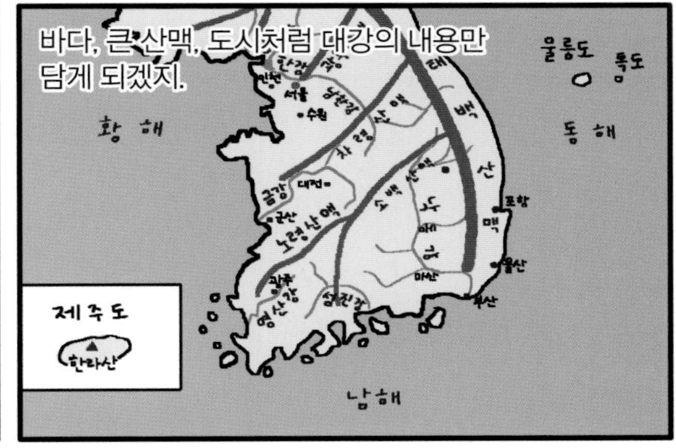
바다, 큰 산맥, 도시처럼 대강의 내용만
담게 되겠지.
울릉도
독도
황해
동해
태백산맥
포항
울산
부산
소백산맥
노령산맥
금강
대전
군산
영산강
섬진강
제주도
한라산
남해

적게 줄여서 한 마을처럼 좁은 지역을
자세하게 그린 지도를 대축척지도라고 하고,
많이 줄여서 한 나라처럼 넓은 지역을
간략하게 그린 지도를 소축척지도라고 해.
소축척
대축척

모든 지도에는 축척이
적용되어 있어.

축척을 표시하는 방법에는 분수식,
비례식, 막대자식이 있어.
축척표시방법
비율
1 : 50,000
분수
1
50,000
막대자
0
500m
저건 수학
아냐?!

단위는 cm를
사용하는데,
자까지
등장했어!
덜
덜

1:50,000 지형도에서 지도상의
1cm는 실제로 50,000cm(=500m)라는
뜻이야.
1cm=50,000cm
머리 아파.

여기에서 지형도는 특정한 주제만이 아니라 일반적인 정보를
골고루 담고 있는 대축척지도를 말하지.
시외 버스 터미널
수원역
팔달구
수원중고교
대한방직
수원시
수원시청
권선구
88올림픽공원
아시아시멘트
신곡초교

지도의 두 번째 특징은 기호를
사용한다는 거야.
지도의 기호

기호는 중요한 것을 골라서 되도록 많은 정보를 담기
위한 방법이기 때문에,

특징을 짚어 간단하게 그려야 쉽고
빨리 이해할 수 있어.
이건 좀 익숙하고
쉬운데?

학교에는 조회대에 펄럭이는 태극기가 있다.
교회 첨탑에는 십자가가 있다.
온천에서는 뜨거운 김이 올라온다.
논은 벼를 베고 나면 그루터기가 남는다.
밭은 올록볼록한 이랑과 고랑이 있다.
과수원에는 열매가 열린다.
학교
과수원
교회
산
온천
항구
논
도로
밭
철도
이런 식이지.

지도의 세 번째 특징은 3차원의 입체공간을
2차원의 평면에 표현한다는 거야.
2D

그래서 땅의
높낮이를 표현하기 위해
등고선을 사용하지.

등고선은 해수면을
기준으로 높이가 같은
지점을 연결한 선인데,
실제 모양
A
B
A
B

단순한 높낮이뿐만 아니라 계곡과 능선, 급경사와 완경사를 알려줘서 전체적인 땅의 모습을
상상할 수 있게 도와줘.
삼각점
계곡선
급경사
능선
170.2
160m
140m
120m
100m
80m
60m
40m
20m
10m
완경사
주곡선
간곡선
계곡
대충 이렇게
생긴 산이구나.

등고선의 간격이 넓으면 고도가 천천히 변화하므로 기울기가 완만하다는 것을 의미하고,

60
40
20

등고선의 간격이 좁으면 고도가 급속히 변화해서 기울기가 급하다는 것을 의미해.

80
60
40
20

그렇다면 등고선끼리 딱 붙어서 매우 좁게 나타나는 곳은 실제로 어떤 모습일까?

0 500m

슈!

바로 절벽이지!

계곡에서 바람도 쐬고……

60
40
20

야호!

정상이다!

60
40
20

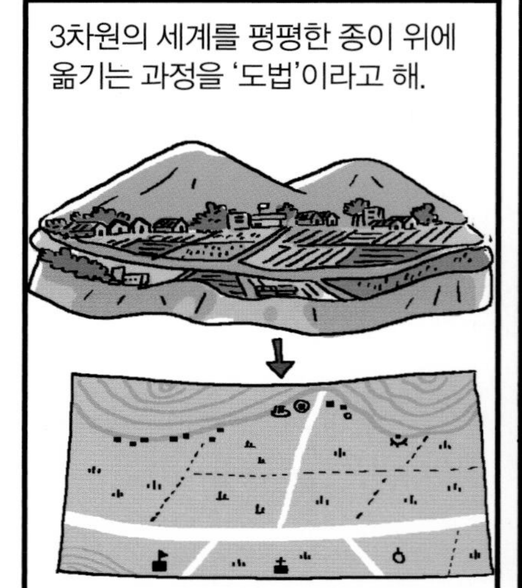

메르카토르(Gerhardus Mercator, 1512년~1594년)

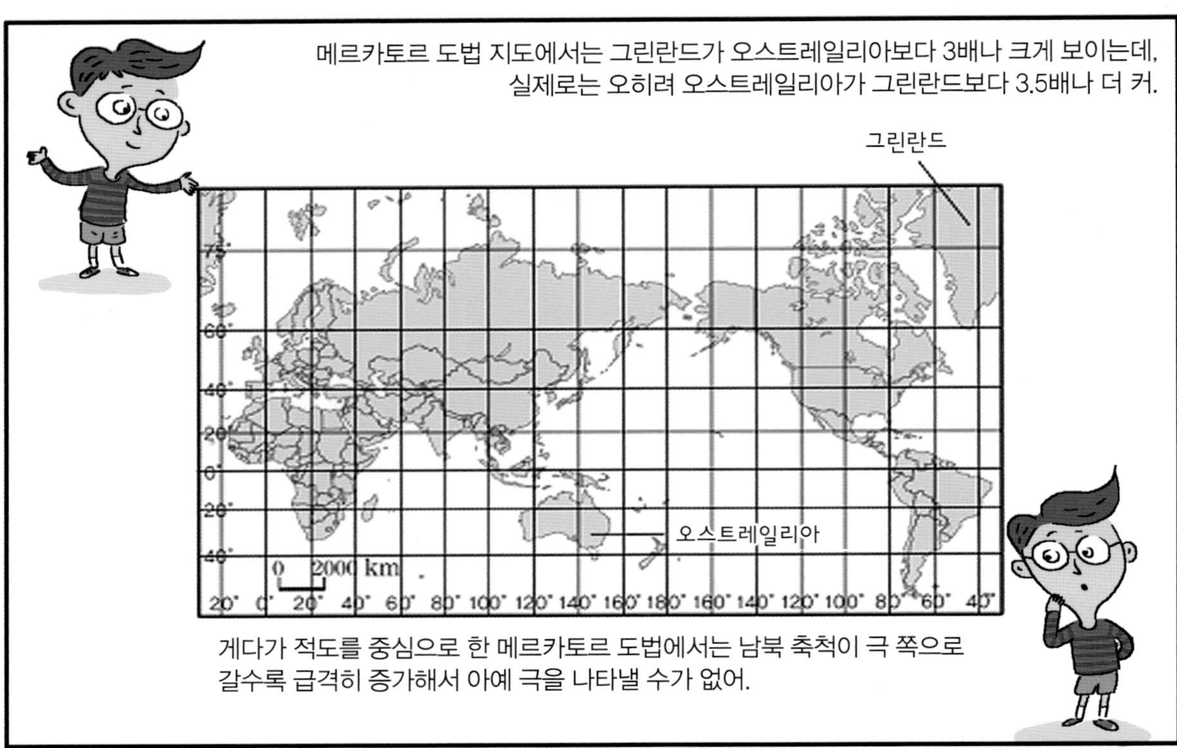
메르카토르 도법 지도에서는 그린란드가 오스트레일리아보다 3배나 크게 보이는데,
실제로는 오히려 오스트레일리아가 그린란드보다 3.5배나 더 커.
그린란드
오스트레일리아
0 2000 km
20° 0° 20° 40° 60° 80° 100° 120° 140° 160° 180° 160° 140° 120° 100° 80° 60° 40°
게다가 적도를 중심으로 한 메르카토르 도법에서는 남북 축척이 극 쪽으로
갈수록 급격히 증가해서 아예 극을 나타낼 수가 없어.

그런데 이런 도법을
사용했던 이유가 뭔가요?
그건…….

당시는 유럽인들이 배를 타고 세계를 탐험하던
'지리상의 발견' 시대였는데,
새로운 땅이다!

메르카토르 도법에서 직선은 항정선을
의미했기 때문에,
배를 저어가자,
험한 바다 건너~

직선 항로를 찾는 항해자들에게는 엄청난 가치가
있는 지도였기 때문이야.
완전
내비게이션이네!
메르카토르
도법 짱!

영화관에서 좌석번호를 보고 좌석을 쉽게 찾을 수 있는 것처럼,
혹시 D열 35번 맞으세요?
주인 왔다, 다른 자리로 가자!
pop

지도 위에 그려진 위선과 경선을 알면 지구상의 위치를 정확히 알 수 있어.
난 북위 20도에!
난 남위 20도, 동경 120도에!
75°
60°
40°
20°
0°
20°
40°
0°
20°
40°
60°
80°
100°
120°
140°
160°

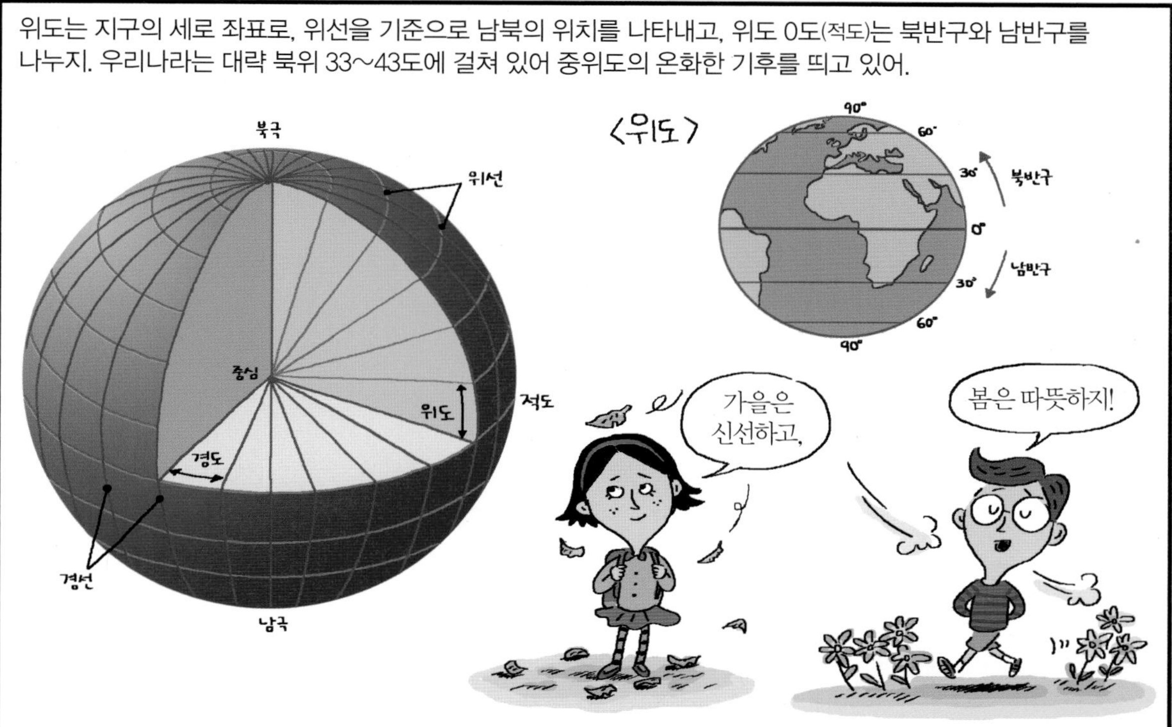
위도는 지구의 세로 좌표로, 위선을 기준으로 남북의 위치를 나타내고, 위도 0도(적도)는 북반구와 남반구를 나누지. 우리나라는 대략 북위 33~43도에 걸쳐 있어 중위도의 온화한 기후를 띠고 있어.
북극
위선
중심
위도
적도
경도
경선
남극
〈위도〉
90°
60°
30°
북반구
0°
남반구
30°
60°
90°
가을은 신선하고,
봄은 따뜻하지!

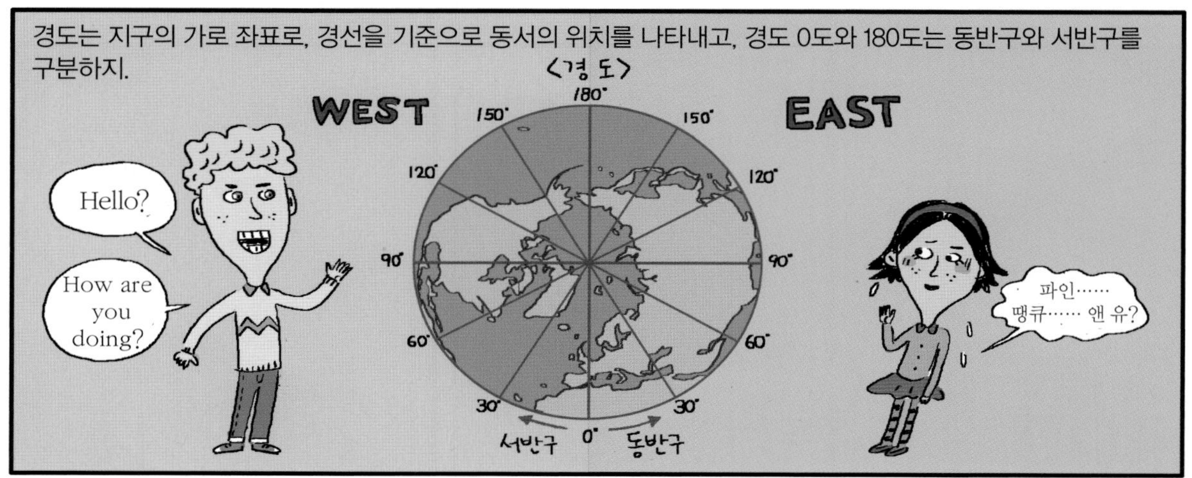
경도는 지구의 가로 좌표로, 경선을 기준으로 동서의 위치를 나타내고, 경도 0도와 180도는 동반구와 서반구를 구분하지.
〈경 도〉
180°
WEST
EAST
150°
150°
120°
120°
90°
90°
60°
60°
30°
30°
서반구
0°
동반구
Hello?
How are you doing?
파인…… 땡큐…… 앤 유?

118°E 120°E 122°E 124°E 126°E 128°E 130°E 132°E 134°E 136°E

42°N 40°N 38°N 36°N 34°N 32°N

극서: 동경 124도10분51초
평안북도 용천군 신도면 마안도

극북: 북위 43도00분42초
함경북도 온성군 유포면 유원진

우리나라는 대략 동경 124~132도에 걸쳐 있지.

극동: 동경 131도52분22초
경상북도 울릉군 울릉읍 독도

극남: 북위 33도06분43초
제주특별자치도 서귀포시 대정읍 마라도

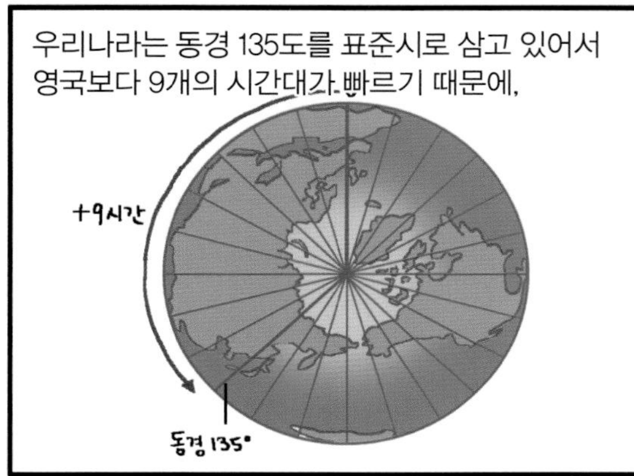

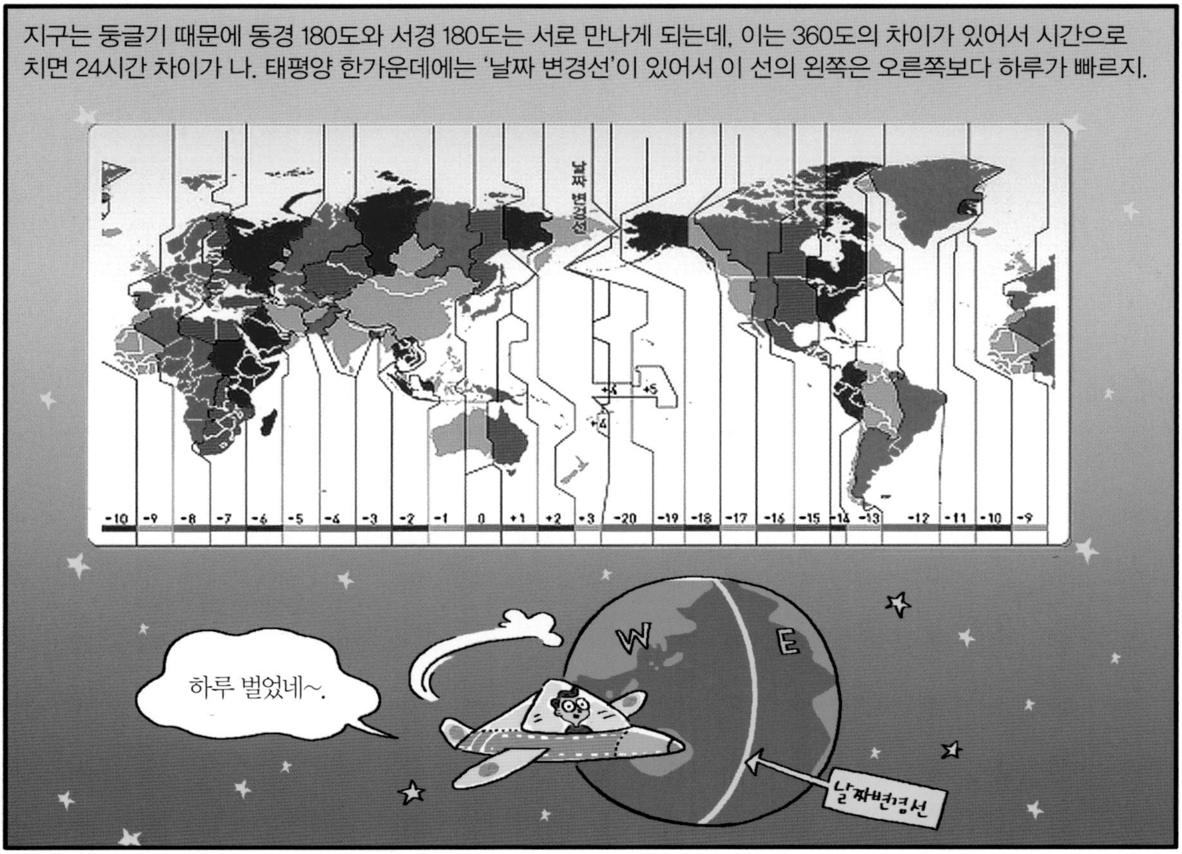

지구는 둥글기 때문에 동경 180도와 서경 180도는 서로 만나게 되는데, 이는 360도의 차이가 있어서 시간으로 치면 24시간 차이가 나. 태평양 한가운데에는 '날짜 변경선'이 있어서 이 선의 왼쪽은 오른쪽보다 하루가 빠르지.

날짜 변경선

-10 | -9 | -8 | -7 | -6 | -5 | -4 | -3 | -2 | -1 | 0 | +1 | +2 | +3 | -20 | -19 | -18 | -17 | -16 | -15 | -14 | -13 | -12 | -11 | -10 | -9

하루 벌었네~.

W E

날짜변경선

국토 면적이 큰 나라들은
한 나라 안에 여러 개의 표준시를
두는 경우도 있는데,

동서로 가장 긴 러시아는 시간대가 11개나 있어.
잘 자!
좋은 아침!
1
갈리닌그라드
2
모스크바
3
예카테린부르크
4
옴스크
5
6
크라스노야르스크
7
이르쿠츠크
8
치타
9
야쿠츠크
10
마가단
11
추코트반도
페트로파블로프스크캄차츠키
블라디보스토크

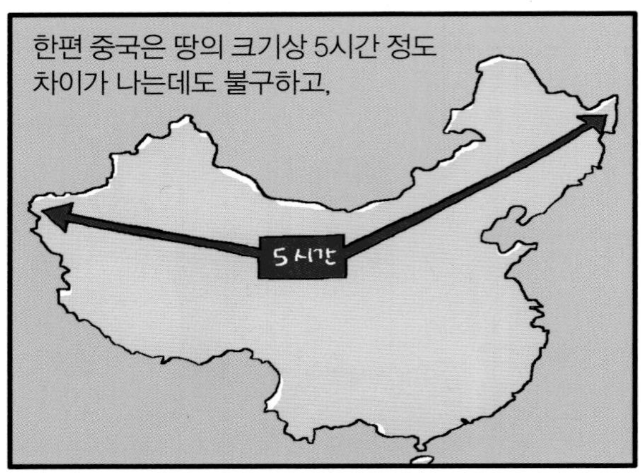
한편 중국은 땅의 크기상 5시간 정도
차이가 나는데도 불구하고,
5시간

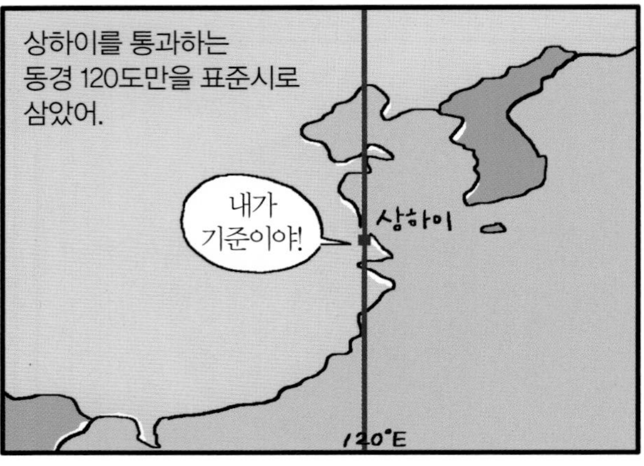
상하이를 통과하는
동경 120도만을 표준시로
삼았어.
내가
기준이야!
상하이
120°E

그래서 중국의 서쪽 끝 지역인
우루무치 시의 출근 시간은
오전 10시~11시야.
출근시간이
늦다고?
다 이유가
있어.

만약 베이징 시의 8시 반 출근 시간을 적용한다면,
우루무치 시 사람들은 꼭두새벽에 집을 나서야 하기 때문이지.
AM 8:30
zzz
우루무치
베이징
AM 8:30

다른 나라 사람들이 볼 때는 이상한 일이지만,
역시 중국…….
Mysterious
country…….
메이드 인
차이나…….
스고이…

그 지역에 계속 살아온 주민들은 그다지 불만이
없다고 해.
뭐라는 거?
우리 사람
괜찮다 해!
중국
이상해요
쏼라쏼라

여전히 독도에 대한 야욕을
드러내고 있는 일본은 '동해'를
'일본해(Sea of Japan)'로 단독 표기
할 것을 주장하고 있지.

무조건
일본 땅이야! 누가
독도는 한국 땅이래?

1990년대 이래 한국의 끈질긴
노력으로 '동해(East Sea)'와
병기하는 비율이 늘어가고는
있지만,

SEA OF
JAPAN
(EAST SEA)

지도 위에 펼쳐지는 인간의 생활상 GIS

요즘은 인터넷지도를 검색해 길을 찾는 게 익숙한 모습이 되었어요. 인터넷지도는 확대와 축소가 자유롭게 조절되어 다양한 축척의 지도를 쉽게 검색할 수 있지요. 또 종이 지도보다 시간과 비용 면에서 절약되며, 실제 거리를 쉽게 계산하거나 최단 거리를 검색할 수 있어요. 최근에는 항공사진을 기반으로 하는 스카이뷰와 도로의 파노라마 사진을 기반으로 하는 로드뷰 같은 영상지도까지 나왔어요.

인터넷지도를 제작하기 위해서는 항공사진이나 인공위성 사진을 통해 정보를 수집하는데, 이를 원격 탐사라고 해요. 실시간 제공되는 위성사진을 이용하면 우리가 직접 가보기 어려운 곳의 정보를 얻을 수 있지요. 또 인공위성을 활용한 위치 확인 시스템(GPS)을 통해 목표물의 위치나 이동 경로 등을 파악할 수 있어 내비게이션에 활용돼요.

구글 어스(Google Earth)는 미국의 검색 엔진 구글이 지구 전역의 위성사진·3D 항공사진 등을 제공하는 공간 정보 서비스로, 전 세계적으로 가장 널리 이용되고 있어요. 얼마나 정밀한지, 우리나라에 서비스되는 구글 어스에서 청와대와 군사안보시설까지도 한눈에 보여 문제로 지적되기도 했지요.

이렇게 컴퓨터를 이용하여 우리가 생활하는 땅 위와 땅 아래에 있는 사물들의 위치, 특징, 성질 등에 대한 정보를 다루어, 우리가 전보다 안전하고 편리하게 살 수 있도록 돕는 시스템을 지리 정보 시스템(GIS)이라고 해요.

최근 GIS의 활용 분야가 더욱 확대되는 이유는 GIS가 어마어마한 공간 자료의 수집·저장·관리뿐만 아니라 디지털지도 위에 각종 자연물 및 인공물 등의 위치 정보 데이터를 표시하여 특정한 목적에 맞는 정보를 가공하는 기능이 점차 확대되었기 때문이에요.

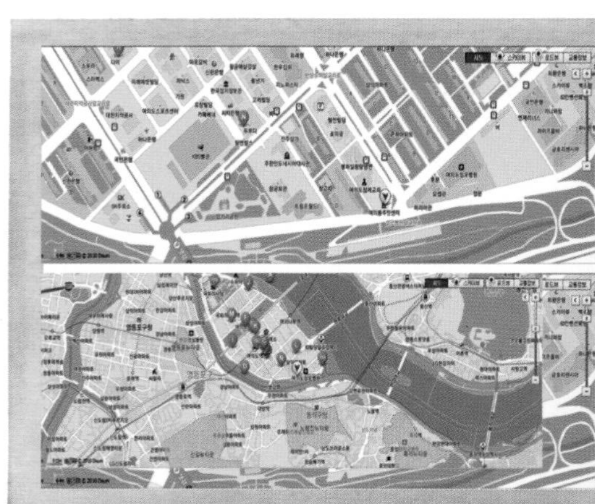

다양한 축척으로 볼 수 있는 인터넷지도.

GIS의 쓰임새가 가장 드라마틱하게 드러나는 분야는 재난 관리 분야예요. 우선 GIS는 장마철의 홍수나 산사태 등을 대비하고 효율적인 시설물 관리와 재해복구 작업에 크게 도움을 주는 산사태 위험지역 관리 시스템에 활용돼요. 얼마 전 구제역 파동으로 인한 가축 매몰지 중 하천과 지하수 오염을 일으킬 가능성이 매우 높은 매몰지에 대한 분석에도 GIS 기술이 적용되었어요. 또한 119 서비스는 GIS를 이용하여 신고자의 위치와 재난규모를 즉시 파악, 출동 지시 및 필요 정보를 동시에 제공할 수 있게 되었지요.

CCTV 시스템을 GIS 기술과 연계하면 범죄예방에도 도움이 돼요. 예를 들면 관내에 도둑이 들었다는 신고가 접수되면, 지방자치단체 통합관제센터에 알람과 함께 그 지역의 GIS 디지털지도가 화면에 뜨고, 범죄현장에서 가장 가까운 CCTV 화면이 자동으로 재생되지요. 용의자의 도주 경로가 확인되면 곧바로 다른 지역의 CCTV 화면으로도 재생이 가능해 용의자를 빠른 시간 안에 검거할 수 있어요.

또 국가와 지방자치단체에서는 GIS를 이용하여 주민 생활과 밀착된 지리정보를 제공하는 사이트를 개설하고 있어요. '서울시 GIS 포털 시스템'은 교통, 부동산, 환경, 문화재, 시설물 등의 지리정보를 제공하고 있고, '제주 3차원 지리정보 포털'은 제주도의 생활 지리정보와 관광 지리정보를 담고 있지요. 현재 대전, 제주, 부산 등에서 운영되고 있는 생활 공감 지도 서비스는 각종 규제정보를 비롯해 통학로 안내, 장애인을 위한 도보길 안내 등 다양한 생활정보를 지도와 함께 제공하는 것으로, 모바일 앱으로도 제공되고 있어요. 이렇듯 GIS 덕분에 우리는 더 스마트한 세상을 살아가고 있답니다.

〈제주 3차원 지리정보 포털 – 3차원 드라이브 코스〉
확대 · 축소가 가능하며 다양한 각도에서 볼 수 있다.

3장 다양한 기후, 다양한 삶

『날씨와 역사』(랜디 체르베니, 반디출판사) 참고.

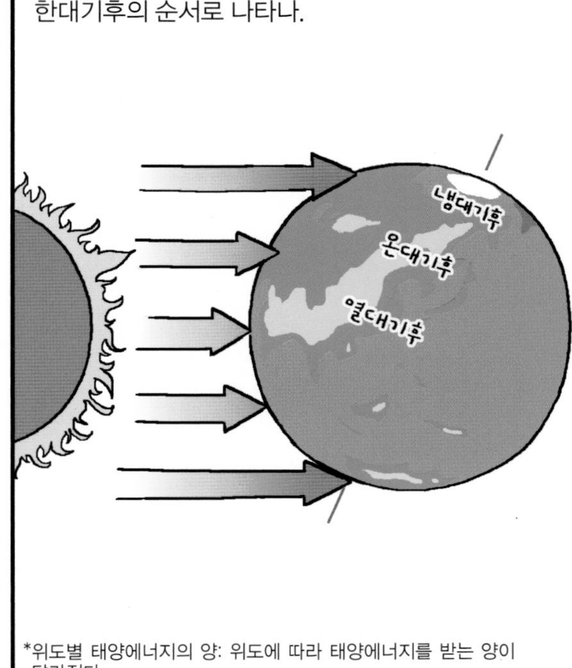

*위도별 태양에너지의 양: 위도에 따라 태양에너지를 받는 양이 달라진다.

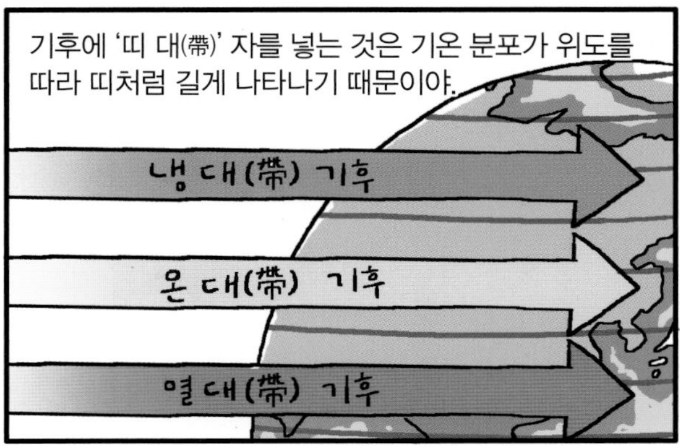

그러나 기후 분포가 위도와
완전히 일치하는 것은 아니야.
냉대
온대
열대

위도 말고도 다른
기후 요인들이 함께
작용하기 때문이지.
다른 기후 요인들
1. ?
2. ?
3. ?
촤락~

우선 바다와 육지의 분포에
따라서도 기후가 달라져.

중앙아시아는 바다와 멀리 떨어진 내륙지방이라
건조기후가 나타나는데,

봄에 우리나라를 괴롭히는 황사의 발원지인 몽골의
고비 사막과
고비 사막
내몽골 고원
바단자란 사막
황토 고원
콜록콜록!

중국의 타클라마칸 사막이
여기에 속해.
『서유기』에도
등장하지!
타클라마칸 사막

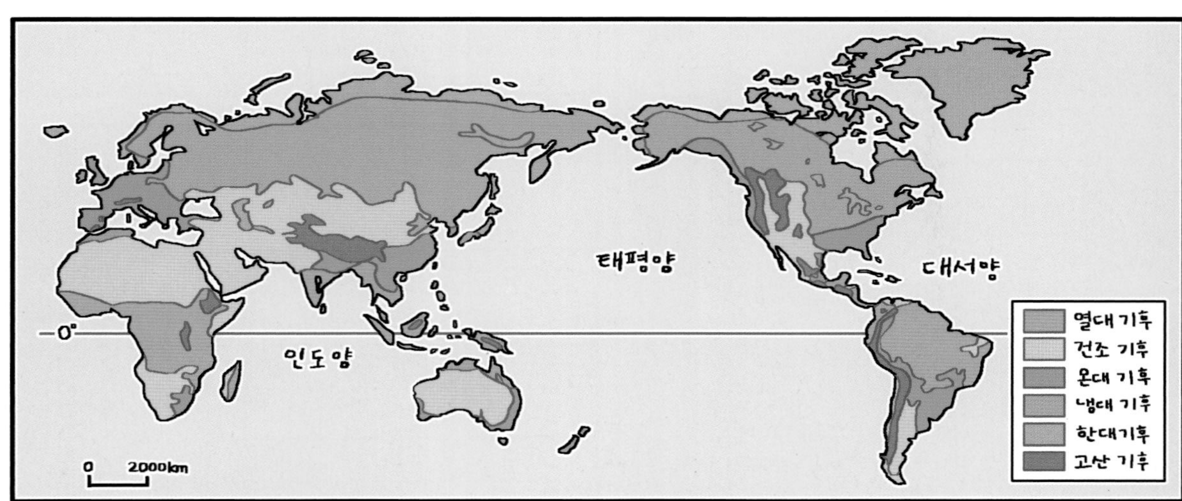
태평양
대서양
인도양
0°
0 2000km
열대 기후
건조 기후
온대 기후
냉대 기후
한대기후
고산 기후

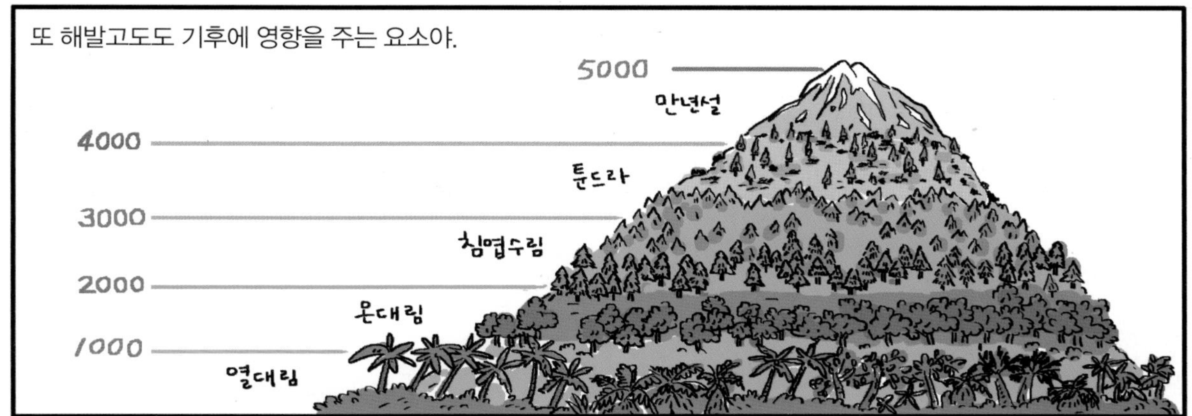
또 해발고도도 기후에 영향을 주는 요소야.
5000
만년설
4000
툰드라
3000
침엽수림
2000
온대림
1000
열대림

열대기후 지역에서 저지대는 기온이 높아 거주가 불리한 반면,
바스락-
앗! 뭐가 지나갔는데?
비켜! 내가 먼저 잡을 거야!

오히려 고지대에는 사람들이 생활하기에 좋은 기후가 나타나지.
날씨 좋~다!

여행가고 싶다...
빙글-
적도에 위치한 에콰도르의 수도 키토는 해발 2,800m의 고지대에 위치해서,
선 공부, 후 여행!
빙글-
콜롬비아
0°
적도
키토
페루

언제나 봄 같은 고산기후 덕분에 이곳에서 고대 잉카문명이 발달했지.
와!

지형도 기후에 영향을 주는 요소야.

'푄 현상'은 습한 공기가 산을 넘어가는 과정에서 성격이 변하는 것을 말하는데,
고온건조
습윤

공기가 산지를 타고 오르는 경우,
아오~. 습하고 힘들어. 혈압, 아니 기온 낮아지네.
낑낑
조마조마…….

상승한 공기는 기온이 낮아져 구름이 되고 비를 뿌리지.
나 지금 저기압이야.
쏴아 ~
앗, 차거!

바람받이 지역에 위치한 인도 아삼 지방의 체라푼지는 세계에서 가장 습한 곳이야.
네팔
부탄
방글라데시
체라푼지
인도
미얀마
수증기
벵골만
최대 강수량이 23,000mm나 되죠.

계절풍이 산지에 부딪혀 내리는 비가 매년 11,000mm라고 하니,
11,000!
차가워진 구름
수증기의 이동

밀림이 생기지 않는 것이 이상할 정도지.

러디어드 키플링(Rudyard Kipling, 1865년~1936년)

산지를 넘어
내려오는 바람은 무척
뜨겁고 건조해.
후우-

'푄'도 원래는 알프스 산지를 넘어 부는
건조 열풍을 가리키는 말이야.
푄 사전에
불가능이란
없다!

우리나라도 태백산맥을 넘어 영서지방에 부는
높새바람이 고온건조하기 때문에,
산 타느라
수분을 뺏겼어.
푸석푸석
태백산맥

초여름에 때 이른 더위를 몰고 오기도 하고,
높새바람이
또 기승인가?

심한 가뭄을 일으켜 '살곡풍(곡식을 죽이는
바람)'이라고 불리기도 했어.
안녕!
휘잉
높새바람이다!

로키 산맥을 넘는 '치누크'는
누가 감히
날 넘어?

인디언 말로 '눈을 먹어치우는 것(snow eater)'이란
뜻인데,
내가!

이름 그대로 하루에 30cm의 눈을 녹이기도 하지.
내 눈
다 어디 갔어!
배부르당~.
꺼억

기후에 영향을 주는 또 다른 요소인 해류는 일정한 방향과 속도로 이동하는 바닷물의 흐름을 말해.
해류의 방향
잘 따라오너라~.
네!

저위도에서 올라가는 난류가 지나는 연안은 따뜻하고 비가 많이 내리지.
상승기류
난류
열대림 형성

목욕탕 안에 수증기가 피어오르고 물방울이 맺히듯이 구름이 만들어진다고 생각하면 돼.
등 좀 밀어다오!

반면 고위도에서 내려오는 차가운 한류가 흐르는 연안은 구름이 잘 만들어지지 않아.
하강기류
(연중맑음)
한류
사막형성

한류인 페루 해류가 지나는 칠레의 아타카마 사막은 비가 오지 않아 세계에서 가장 메마른 곳이야.

비가 100년에 두세 번 잠깐 내릴 뿐이지만,
내 평생 딱 두 번 비를 봤다오.
주민 페르난도 씨 (102세)

안개가 많아 주민들은 언덕에 그물망을 설치해서 그물에 맺힌 물방울을 모아 물을 공급하지.

이제 각 기후의 특색과
주민생활을 살펴보자.

먼저 열대기후는 일 년 내내 기온이 높고
강수량이 많아.
어휴~
덥고 습하고!

적도 주변 지역의 브라질, 나이지리아, 말레이시아 등지에서
나타나지.

우리나라의 소나기 같은 비가 매일 오후
한두 차례 쏟아지는데, 이것을
'스콜'이라고 해.
쏴아-

비가 매일 내리다시피 하니 나무가 쑥쑥 자라서 아마존 같은 열대우림이 만들어지지.
게또…….
(비가 또 오네.)

이곳에서는 열대림의 나무를 베고 불을 질러 그 재를
거름으로 이용하여 카사바와 얌 등의 식량작물을
재배하는 이동식 화전 농업을 하는데,

몇 년이 지나면 거름의 효력이 다하기
때문에 다른 곳으로 이동해야 해.
새로운 땅을
찾아가자.
꼬르륵-

동남아시아는 벼의 원산지야. 화전을 하는 지역과 다르게 논을 만들어 농사를 짓지.

논은 많은 비에도 토양 속의 영양분이 씻겨 내려가지 않도록 하는 역할을 하는 거야.
우리가 막아 줄게!

우리나라에서는 벼농사를 일 년에 한 번 하는데,

동남아시아 지역은 강수량이 많고 기온도 높아 일 년에 두세 번까지 벼농사가 가능해.
또 비 온다……

벼농사는 고온다습한 여름 계절풍과 관련이 있어.
-덥다…
새참 안 줘?

겨울 계절풍
여름 계절풍
계절풍(몬순)이란, 대륙과 해양의 온도 차이로 계절에 따라 반대 방향으로 부는 바람을 말해.
대륙
바다

열대 몬순 기후에서는 여름 계절풍이 부는 시기에 긴 우기가 나타나고, 겨울 계절풍이 부는 시기에 짧은 건기가 나타나지.
으~ 지긋지긋한 비!
철퍽
철퍽

인도에서는 우산 제조업이 제철 산업인데, 계절풍이 부는 동안 우산이 다 닳아서 떨어지기 때문이야.
우산 필요해? 돈만 내.
앗, 하나만 주세요!

그런데 열대지방 중에서 '동물의 왕국'이라고
불릴 정도로 다양한 동물이 많이 사는 곳은

키가 작은 나무가 듬성듬성 있고 긴 풀이 자라고
있어 초원에 가까워.

이 지역은 '사바나 기후'라고
하는데,
밤바야~

비가 많은 우기(雨期)와 비가 오지 않는 건기(乾期)가 번갈아
나타나지.

대표적인 곳이 동아프리카 탄자니아에 있는
야생동물보호구역인 세렝게티 국립공원이야.

해마다 찾아오는 가뭄 때문에 누, 얼룩말 같은 초식
동물들이 먹이를 찾아 대규모로 이동하는데,
풀 좀 없냐?
우리도 이동하려고.

그 모습이 장관을 이루어 관광지로 유명해졌어.
와우~!
두두두두…

열대지방의 농업 형태 중에
특이한 것은 '플랜테이션'이야.
어휴, 더워!
그게 뭔데?

유럽이 식민 지배를 하던 때
원주민들의 값싼 노동력과
100% 카카오

선진국의 자본 및 기술을 결합하여 만든 대규모 농업 형태인데,
윌리웡카♪

초콜릿의 원료인 카카오와
커피 등이 유명하지.
CHOCOLATE
JAVA

온대기후 지역은 사계절이 뚜렷하고,

농사짓기에 유리해서 사람들이 많이 살고 있어.

그런데 희한하게도 우리나라에 비해
영국은 기온의 연교차가 작아.
나 어때?

위도로만 보자면 서울보다
런던의 겨울이 더 추워야 하는데,
실제로는 그렇지 않은 이유는 뭘까?
나 런던녀
같지 않아?

그건 바다와 육지의 분포 때문이야. 중위도에서 항상 부는 편서풍 때문에 우리나라처럼 대륙의 동쪽에 있으면 대륙의 영향을 많이 받고(대륙성 기후), 영국처럼 대륙의 서쪽에 있으면 바다의 영향을 많이 받게 되는 것이지(해양성 기후).

런던
기온(℃) 강수량(mm)
1 3 5 7 9 11(월)

서울
기온(℃) 강수량(mm)
1 3 5 7 9 11(월)

60°
40°
20°
런던 (50°N, 0°)
서울 (37°N, 127°E)

겨울계절풍 여름계절풍 편서풍 해류

흐린 날이 많기 때문에 영국인들은 트렌치코트를 입고 늘 우산을 준비하지.
비가 또 오네.

겨울에는 습기를 제거하고 실내 온도를 높이기 위해 벽난로를 설치해.

또한 여름철 기온이 낮기 때문에 낮은 온도에서도 잘 자라는 밀, 감자 등을 재배하고,
I LOVE POTATOES!

풀이 잘 자라기 때문에 일찍부터 목축이 발달했어.
메에에에~

한편, 우중충한 날씨에 질린 서부 유럽 사람들은
우울증에 걸릴 것 같아!
짐 쌉시다!
쏴아

휴가철에 햇빛이 쨍쨍한 곳으로 가서 일광욕을 즐기려고 하기 때문에,
햇살 좋다~!

지중해 연안 지역의 이탈리아, 그리스, 프랑스, 에스파냐 등에서는
프랑스
이탈리아
에스파냐
그리스
아프리카
지중해

다양한 문화유적과 함께 여름철의 맑은 날씨, 아름다운 경치를 바탕으로 한 관광산업이 발달했어.
라라라라라라라 라라~♪ 널 좋아 한다고~♪

이렇게 남부 유럽 지중해 지방에서
전형적으로 나타나는 온대기후를
'지중해성 기후'라고 해.

여름은 마치 사막처럼 덥고
건조하며,
뜨거.

겨울은 서부 유럽처럼 따뜻하고
촉촉하지.
음~
지중해
바람~.

잎이 두껍고 뿌리가 깊어서 건조한 여름철에도
잘 자라는 올리브, 포도(→와인),

오렌지, 코르크 참나무(→와인 병마개) 등을 재배하고,

여름에는 너무 건조해서 풀이 말라버리므로 양,
소 등의 가축에게 풀을 먹이기
위해
너희들이 먹을
만한 게 없다.
메에에~
(배고파...)

알프스 산지와 같은 고산지대로 이동하곤 해.
메에에에~

알퐁스 도데의 소설 『별』은 여름철에 산지로 올라가 적막하고 고립된 유목생활을 하던 목동 소년이
식량을 전해주러 온 주인집 아가씨에게 순수한 첫사랑을 느낀다는 이야기야.
목동아, 넌 별들을
잘 알 테지?
네, 아가씨.

이 기후는 대륙의 영향을 받아 연교차가 무척 크지.

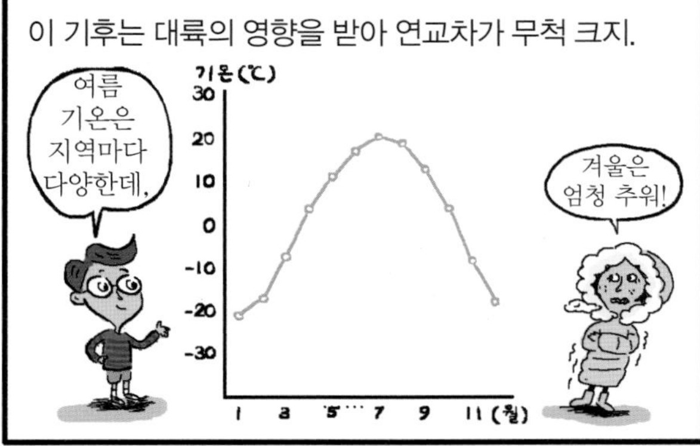

겨울이 길고 추우며 건조하기 때문에 잎이 뾰족한 침엽수림이 자라는데,

우리가 사용하는 종이들도 대부분 침엽수림의 펄프로 만들어지지.

에스키모: '날고기를 먹는 야만인'이라는 뜻.
이누이트: '인간'이라는 뜻.

건조기후는 주로 남북회귀선
부근에 형성되는데,
앗!
딱

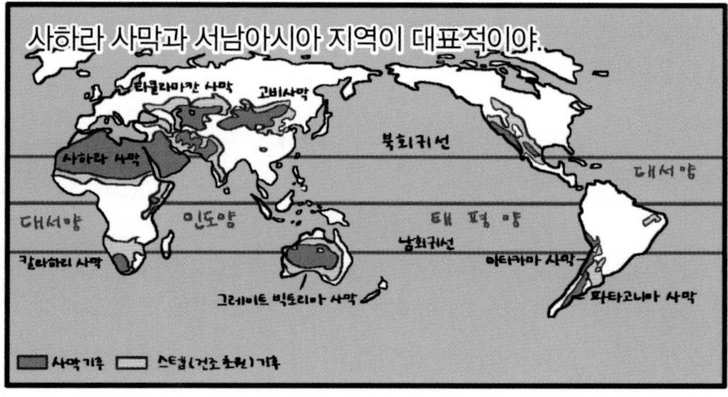
사하라 사막과 서남아시아 지역이 대표적이야.
타클라마칸 사막
고비사막
북회귀선
사하라 사막
대서양
인도양
태 평 양
남회귀선
대서양
칼라하리 사막
아타카마 사막
그레이트 빅토리아 사막
파타고니아 사막
사막기후
스텝(건조 초원)기후

적도 부근에서 부글부글 상승한 대기가 고위도로
이동하다가 가라앉는 지점이기 때문이지.
더운 공기
덥고건조한 공기
23.5°
적도
북회귀선
사막

대기가 하강한다는 것은 구름이 잘 안
만들어진다는 뜻으로,
고기압으로 인하여
날씨가 맑겠습니다.
날씨
고
오전 4°c
오후 12°c

강수량보다 증발량이 더 많아
나무가 자라지 못해.
아,
목말라……
증발량

하지만 사막 한가운데 위치한
오아시스 주변 마을에서는

대추야자 같은 농작물을 재배해!

산지에 내린 비가 산 아래 쪽으로 흘러
지하수층을 형성하는데,
야호!

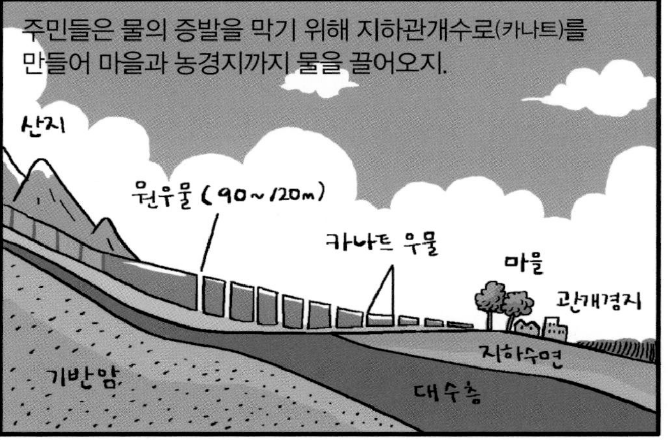
주민들은 물의 증발을 막기 위해 지하관개수로(카나트)를
만들어 마을과 농경지까지 물을 끌어오지.
산지
원우물 (90~120m)
카나트 우물
마을
관개경지
지하수면
기반암
대수층

사막 주변 지역은 짧은 우기 동안
풀이 자라는 '스텝 기후'가
나타나.
쑥쑥
커야지!

칭기즈칸이 말을 달렸던
몽골에서는

봄부터 가을 사이에 내리는 비로
키 작은 풀들이 자라 초원지대가
형성되는데,

주민들은 염소, 소, 말 등을 방목하며 염소젖과
염소고기를 먹고,
방금 짠 신선한
염소젖이요~.

풀을 찾아 동물들을 이끌고 먼 거리를 이동하는
유목 생활을 해.

또 땅이 넓고 인구가
적은 북아메리카와

오스트레일리아 내륙의 건조
초원 지역에서는

소, 양 등의 기업적 목축업과 대규모 밀농사가 이루어지는데,

이렇게 생산된 호주산, 미국산 쇠고기는
우리에게도 익숙하지.
OUTBAG
XXXX
음~,
미디움
레어~.

이렇게 인간은 기후에 적응하며 살아가지만,
살랑
살랑

불시에 다가와 인간을 괴롭히는 자연재해가 있어.
꽈광!
꽥! 마른하늘에 웬 날벼락?!

열대 이동성 저기압은 지역에 따라 이름이 다른데,
쏴아아
엣취!

동부아시아에서는 '태풍'이라고 불러.
颱風
TYPHOON

열대성 저기압이 지나가는 지역은 강한 바람과 비가 많이 내려 해일이나 홍수의 피해를 입게 되는데,
러시아
일본
중국
인도
태풍
태평양
미국
허리케인
대서양
인도양
사이클론
윌리윌리
오스트레일리아
브라질
열대이동성 저기압

1959년에 역대 최악으로 꼽히는 태풍 사라가 우리나라를 덮쳐,
사라예용~!

사흘 동안 849명이 사망하고 2,533명이 실종됐어.

2005년 허리케인 카트리나가
카트리나라고 해용 ♡
위잉

플로리다와 뉴올리언스 등을 강타하여
좀 지나갈게용.

사망, 실종 등 인명피해가 2,541명이나 났던 것처럼

선진국인 미국도 초특급 허리케인 앞에서는 속수무책이지.
항복!
왜 그래? 난 그냥 놀러 온 건데.

2008년 미얀마를 강타한 사이클론
나르기스도는
우헤헤!

2만 2천 명 이상의 사망자와 4만 명 이상의 실종자를
발생시키며 미얀마를 초토화시켰어.

호주에서는 이 열대성 저기압을 '윌리윌리'라고 하는데,
WILLY WILLY!
휘이이이

'윌리'는 원주민 말로 '우울' 또는 '공포'라는 뜻이야.
나 지금
몹시 윌리해.

미국에서는 허리케인보다는
피해가 적지만

토네이도라는 바람이 악명이 높은데,
Tornado!
Oh, My God!

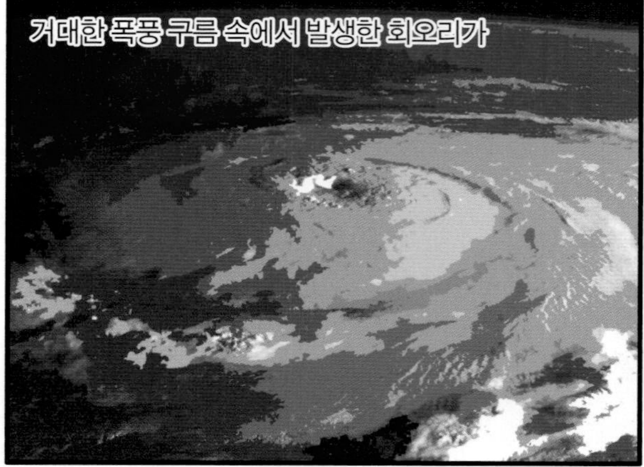
거대한 폭풍 구름 속에서 발생한 회오리가

진공청소기처럼 가축, 사람, 자동차 등을 닥치는
대로 빨아들이지.
MOO~!
HELP!

이밖에도 폭염, 홍수, 가뭄, 한파 등

변덕쟁이 날씨를 상대로 인간은 힘겨운 싸움을 벌이고 있어.
해보자는 거냐?
왜 그래, 무섭게.

최대한 정확하게 예측하여 미리미리 대비하는 게 가장 중요하지만,
일부 지역에 비 소식이 있겠습니다.
우산 챙겨야지.

기상학자들과 기상관측소의 최첨단 장비,

기상위성, 슈퍼컴퓨터가 동원되더라도

겨우 며칠 앞을 예측할 수 있을 뿐이야.
한 주간의 날씨를
알려드리겠습니다.
-1°c -3°c 0°c 2°c 0°c
5°c 2°c 6°c 10°c 9°c

최근에 더 자주 발생하고 있는 기온 변화에 따른 이상 기상 현상은
쨍 쨍
?
쏴아아

정확한 예측을 더욱 어렵게 만들고 있단다.
일부 지역에 비가 오는 건 맞네.
그치? 우산 잘 챙겼지?

소빙하기가 인류 문명에 끼친 큰 영향

18세기에 중국은 인구와 경제적 측면에서 볼 때 유럽에 단연 앞서 있었어요. 그러나 유럽이 대항해 시기를 맞이할 때, 청나라는 바다로 가지 않고 티베트와 신장 지역을 정복했지요. 왜 18세기에 유럽은 바다로 나아갔고, 중국은 그러지 못했을까요?

약 500년 전에는 따뜻한 날보다 추운 날이 더 많았어요. 대략 1500년부터 1850년까지 유럽과 북아메리카 동부에 걸친 지역은 기온이 상당히 낮았지요. 플랑드르(벨기에의 서부를 중심으로 북프랑스, 남네덜란드 일부를 포함하는 지역)의 위대한 풍속화가인 피테르 브뢰헬은 1565년 추운 겨울에 영감을 받아 오늘날 유명해진 눈 덮인 전경의 그림을 그렸어요. 런던의 템스 강에서는 날이 추워 강물이 꽁꽁 얼면 그 위에서 서리 축제가 열렸던 것으로 기록되어 있지요. 노점이 길게 늘어서서 온갖 물건을 팔고, 고기를 굽거나 축구를 하기도 했어요.

기후학자들은 태양 흑점의 감소 때문이라고 대체로 결론을 내린 상태에요. 특히 1645년부터 1715년까지의 70년 동안 태양의 흑점이 거의 존재하지 않았고 태양 표면에서의 자기 활동이 현저히 감소했다는 것이 밝혀졌어요. 역사에서는 그때를 정점으로 해, 1500년부터 1850년까지를 '소빙하기'라고 불러요.

17세기 유럽은 소빙하기로 인해 극심한 추위, 빈곤, 질병의 악순환에 시달렸어요. 보헤미아(오늘날의 체코) 인구의 절반 이상이 굶어죽는 일이 발생하기도 했지요. 나폴레옹이 등장하고, 전쟁과 혁명도 많이 일어났어요. 유럽 문명은 따뜻한 기후를 가진 지역을 찾아 탐험을 계속했고, 폭력을 동원하여 식민지를 확장했지요. 이를 '대항해 시기'라고 불러요.

「눈 속의 사냥꾼」 브뢰헬, 1565년 작.

그러나 당시 소빙하기가 세계 모든 지역에 똑같이 적용되는 것은 아니었고, 아시아의 대부분은 유럽에 비해 상대적으로 온화하고 습윤했지요. 소빙하기 동안 중국에

내린 풍부한 비로 인해 풍작이 계속되었고, 이것은 청나라 강희제로부터 한 세기 반 동안 태평성대를 만들어 주었죠. 이런 상황에서 유럽과 대외 무역을 확대할 이유가 없었을 거예요. 건륭제는 영국 특사 조지 매카트니와 1793년 회동한 자리에서 통상관계를 확대해 달라는 매카트니의 요구에 "우리는 물산이 풍부하여 없는 것이 없으니, 우리에게 없는 것을 오랑캐(영국)에게서 구할 필요가 없다."라며 단호하게 거절했어요.

그러나 평화로운 시기에 인구가 엄청나게 늘었기 때문에 갑자기 비가 내리지 않으면 끔찍한 재앙이 닥칠 수 있었지요. 1850년 소빙하기가 끝날 무렵 중국의 기후가 건조해지기 시작했고, 가장 심했던 1877년 가뭄에는 950만~1,300만 명이 굶주림으로 사망했어요.

건륭제를 만난 조지 매카트니 사절단.

또 겨우 10년 만에 이번에는 큰 비가 내려 황허 강물이 폭발적으로 불어나 인구가 많은 허난 성의 제방이 터졌어요. 홍수가 최고조에 이르렀을 때 11개 도시와 1만 5,000개의 마을이 물에 잠겼지요. 이런 식으로 계속되는 가뭄과 홍수는 청나라 지도부가 감당할 수 없는 수준이었어요.

이렇게 청나라의 몰락이 시작된 거예요. 소빙하기를 거치며 식민화와 산업혁명을 통해 성장한 유럽 열강이 몰려들었고, 그동안 좋은 기후 환경에서 풍작을 이루면서 서부 유럽을 얕보던 청나라로서는 속수무책이었어요.

소빙하기의 평균기온은 지금보다 겨우 1.5℃ 정도 낮았지만, 인류의 근대사에 어마어마한 영향을 끼친 거대한 기후 변화였어요. 2010년 우리나라는 4월까지 한파가 기승을 부렸고, 세계도 마찬가지였지요. 일부 학자들은 태양 흑점 활동을 근거로 들어 500년 만에 소빙하기가 찾아온 것이라고 주장하고 있어요.

4장 놀라운 비밀을 간직한 땅의 모습

드디어 우리가 여행을!

기다린 보람이 있지?

렌터카

광활한 목초지, 다양한 종류의 화산,
콰광~
엄마야!

장대한 산맥과 해안 지형 등이 컴퓨터 그래픽과 결합되어 멋진 판타지의 세계를 보여줬어.
엄청나다!

NORTH ISLAND
SOUTH ISLAND
뉴질랜드는 크게 남섬과 북섬으로 나뉘는데,
또 공부?

남극 대륙에서 떨어져 나와 생긴 남섬의 '남알프스' 산지에는 만년설과 빙하가 있고,

화산 활동으로 형성된 북섬에는 온천 등이 나타나.
와우, 천연 사우나!
신 났네.

그래서 한 나라 안에 그토록 다양한 자연을 담고 있었던 거야.
그렇구나!

땅의 모습, 즉 지형은 겉모습만으로는 짐작할 수 없는 비밀을 간직한 경우가 많아.
비밀?

그렇다면 남섬의 남알프스나 히말라야 같은 거대한 산지는 어떻게 생겨난 걸까?
그건…….

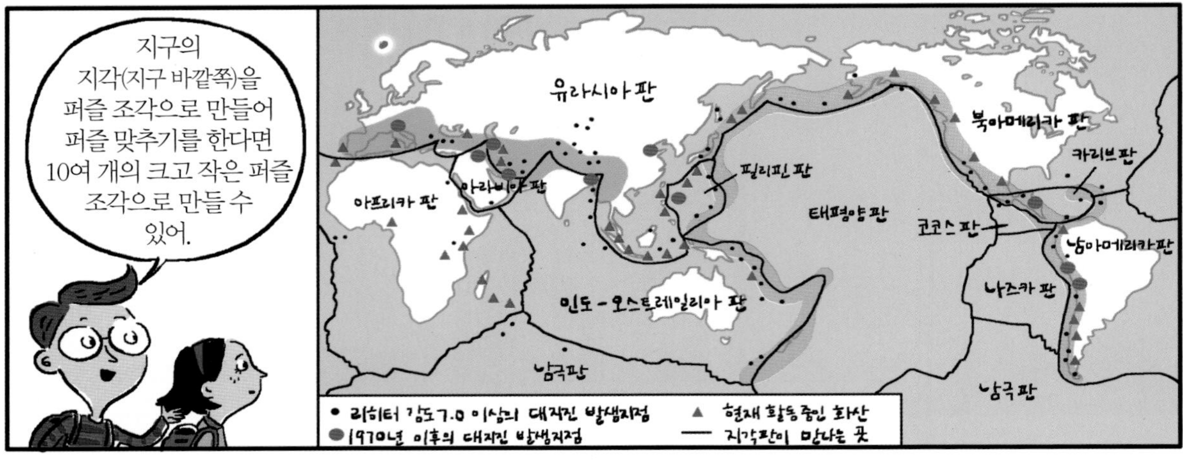
지구의
지각(지구 바깥쪽)을
퍼즐 조각으로 만들어
퍼즐 맞추기를 한다면
10여 개의 크고 작은 퍼즐
조각으로 만들 수
있어.
유라시아 판
북아메리카 판
카리브 판
필리핀 판
아라비아 판
아프리카 판
태평양 판
코코스 판
남아메리카 판
나스카 판
인도-오스트레일리아 판
남극판
남극판
리히터 강도 7.0 이상의 대지진 발생지점
1970년 이후의 대지진 발생지점
현재 활동 중인 화산
지각판이 만나는 곳

그중에는
현재 육지에 속한
퍼즐이 있는가
하면

바다에 속한
퍼즐 조각도 있지.

이런 지구 지각의 퍼즐 조각이
바로 암판이야.
완성!

판은 한 곳에 고정되어 있는
것이 아니라
근질근질해…….
꿈틀
꿈틀

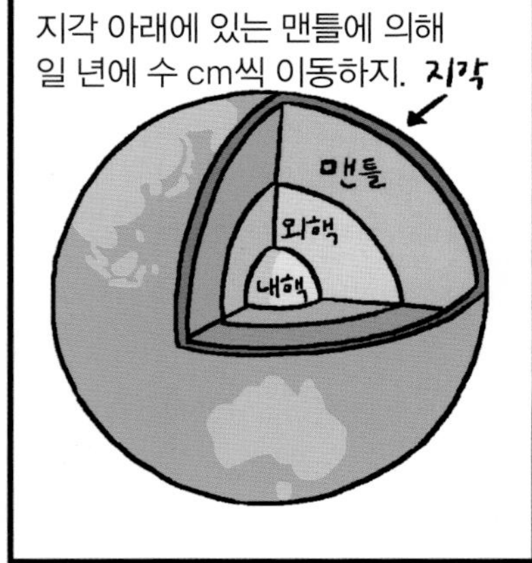
지각 아래에 있는 맨틀에 의해
일 년에 수 cm씩 이동하지.
지각
맨틀
외핵
내핵

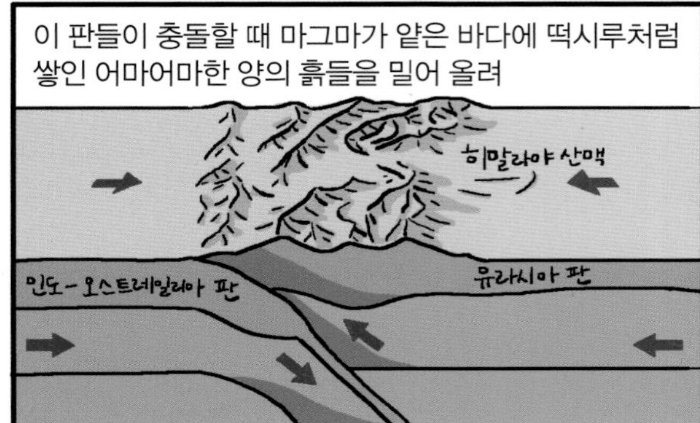
이 판들이 충돌할 때 마그마가 얕은 바다에 떡시루처럼
쌓인 어마어마한 양의 흙들을 밀어 올려
히말라야 산맥
인도-오스트레일리아 판
유라시아 판

거대한 산지가
만들어지는 거야.
오~!

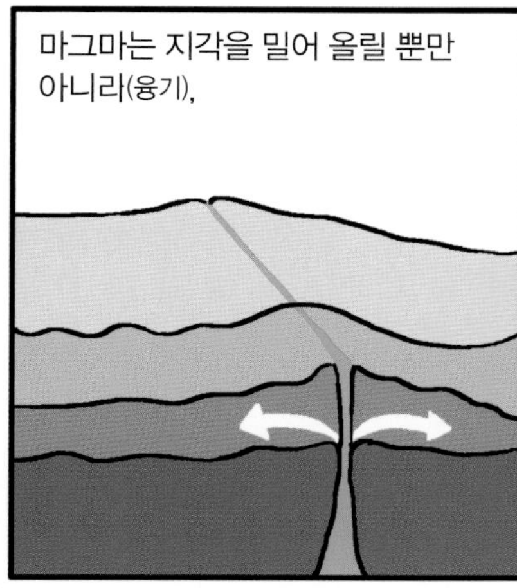
마그마는 지각을 밀어 올릴 뿐만 아니라(융기),

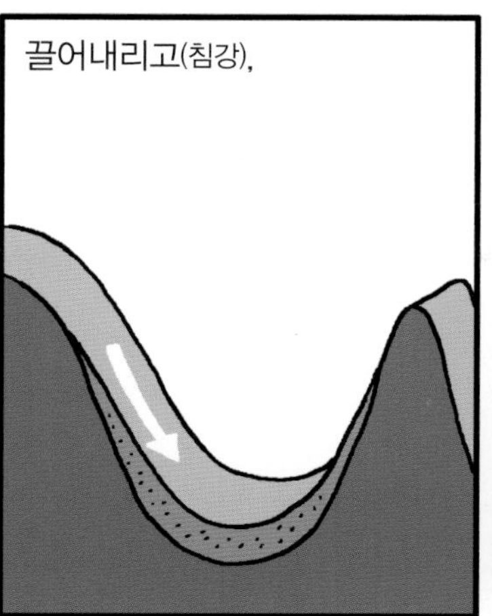
끌어내리고(침강),

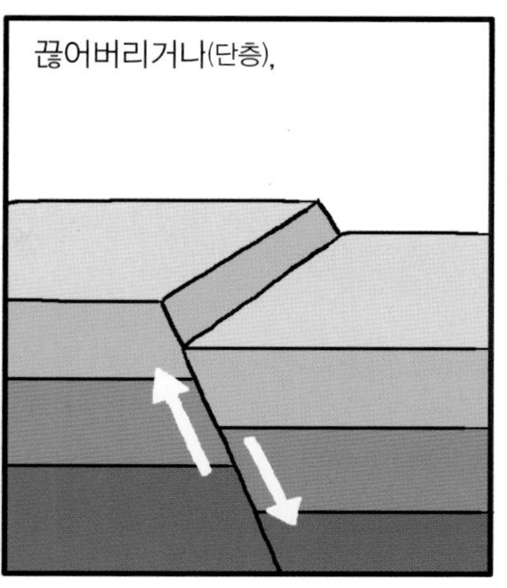
끊어버리거나(단층),

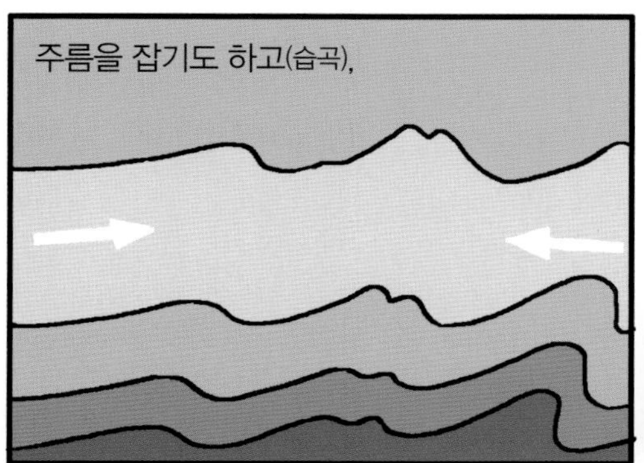
주름을 잡기도 하고(습곡),

때로는 지각의 약한 틈새를 비집고나와 터지기도 하지(화산).
못 참겠다. 빵!

판이 움직일 때 양쪽으로 잡아당기는 힘이 작용했다면
그만 당겨! 찢어질 것 같아!

지층이 갈라져 어긋나는 '단층'이 일어나는데,
이것 봐. 갈라졌잖아.
내 반쪽…

단층이 대규모로 일어나서 가운데만 길게 푹 꺼져버린

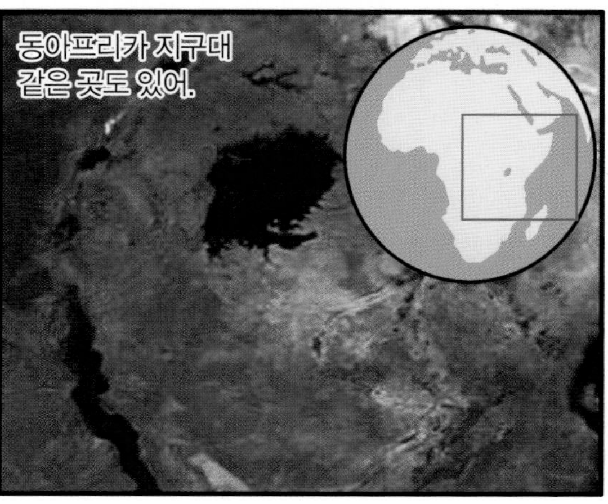
동아프리카 지구대 같은 곳도 있어.

히말라야처럼 지구상의 큰 산지는
대부분 습곡을 통해 만들어져.

이 습곡산지 주변은 고도는 높지만
높낮이 폭이 작아

비교적 평평한 고원이 같이 나타나는데,
메~

습곡이 일어날 때 그 주변에 있던 평평한 곳이 따라
올라가 자리 잡게 된 거야.
나 올라갈래!
나도!
나도!

해발고도가 4,000m가 넘어 '세계의 지붕'이라고
불리는 히말라야 산지 주변의 티베트 고원이나,

우리나라의 태백산맥 서쪽에 있는 700m 높이의
대관령(영서고원)이 유명하지.
움메~

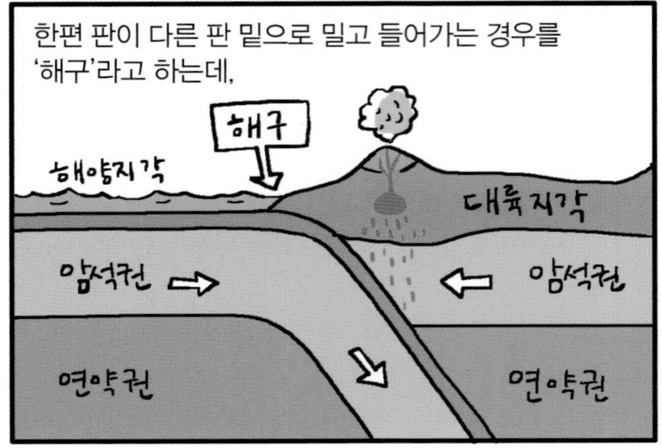
한편 판이 다른 판 밑으로 밀고 들어가는 경우를
'해구'라고 하는데,
해구
해양지각
대륙지각
암석권
암석권
연약권
연약권

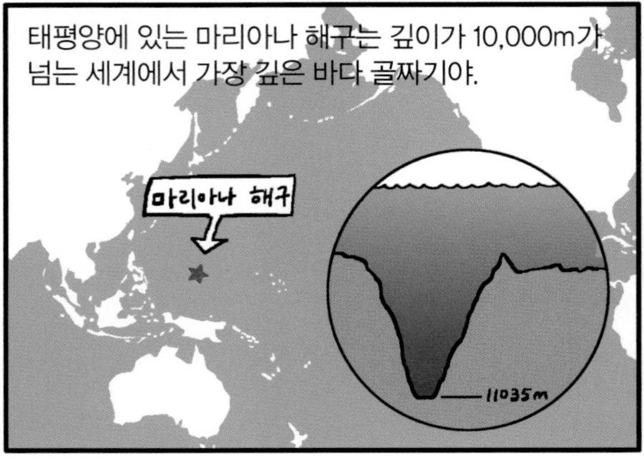
태평양에 있는 마리아나 해구는 깊이가 10,000m가
넘는 세계에서 가장 깊은 바다 골짜기야.
마리아나 해구
11035m

판과 판이 충돌하는 경계에서는
어쭈, 안 비켜?
너나 비켜!

지표의 땅이 흔들리는 지진과
우루루루루
....

마그마가 지각의 틈새를 뚫고 나오는 화산이 많이 발생하는데,

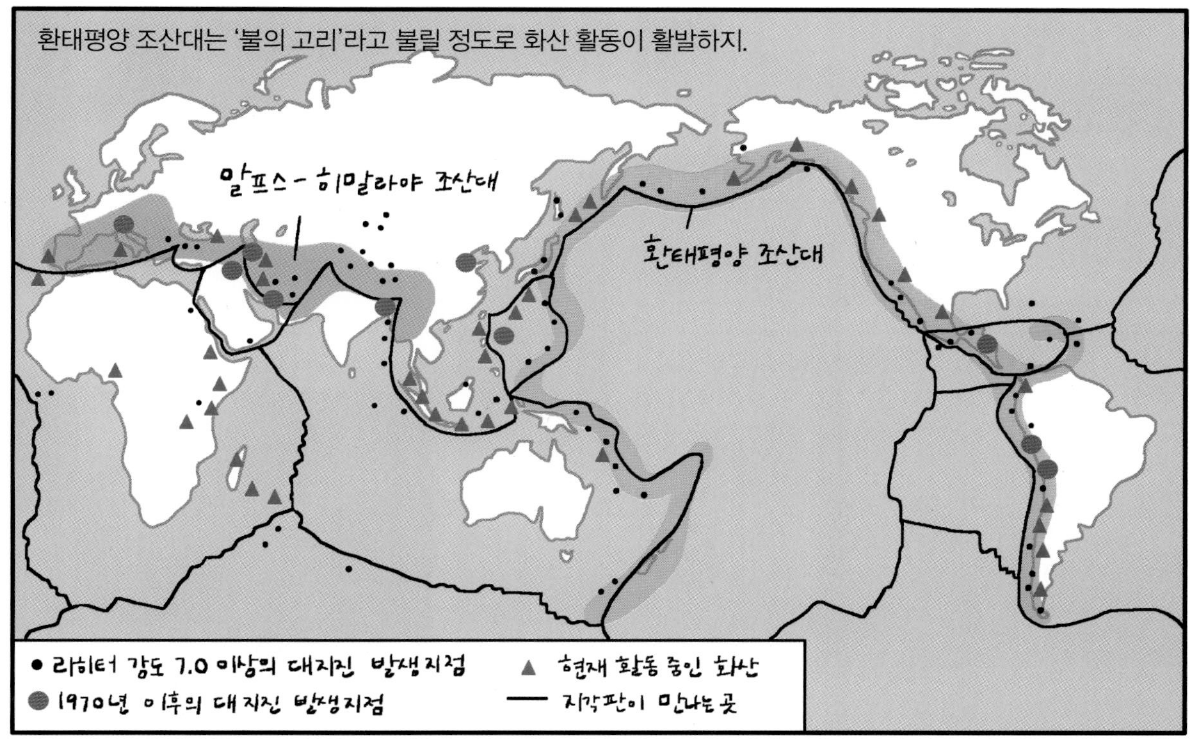
환태평양 조산대는 '불의 고리'라고 불릴 정도로 화산 활동이 활발하지.
알프스-히말라야 조산대
환태평양 조산대
● 리히터 강도 7.0 이상의 대지진 발생지점
● 1970년 이후의 대지진 발생지점
▲ 현재 활동 중인 화산
— 지각판이 만나는 곳

판의 경계 부근에 나타나는 화산섬은
대륙 지각
화산 섬
해양지각

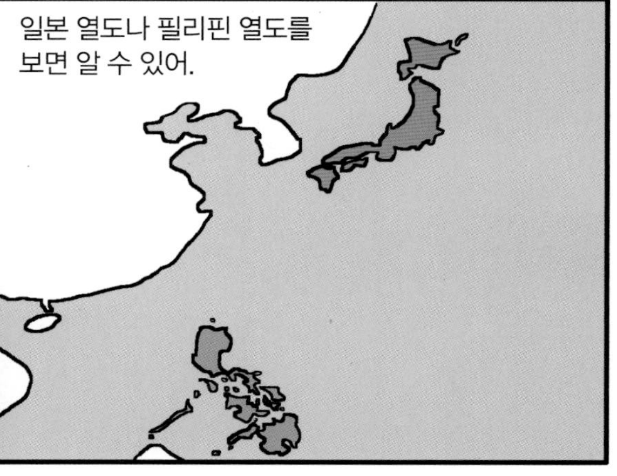
일본 열도나 필리핀 열도를 보면 알 수 있어.

큰 지형은 지구 표면의
안에 있는 마그마의
활동에 의한 것이지만

우리 주변에서 흔히 볼 수 있는 작은 지형은 지구
표면의 밖에 있는 태양에너지를 바탕으로

비, 바람, 빙하, 밀물과 썰물, 파도 등의 깎고(침식),
나르고(운반), 쌓는(퇴적) 작용이 영향을 줘.

지금도 땅속
깊은 곳에서는

인도 · 오스트레일리아 판이 유라시아 판의 밑으로
파고 들어가면서 히말라야 산지를 들어 올리고 있고,

히말라야 산지의 높은 봉우리들은 빙하와 눈에 의해
깎여 나가고 있어.

이처럼 지표 안에서 지표에 가해지는 힘은 지형의 높낮이를 만들고, 지표의 밖에서 가해지는 힘은 오랜 시간에
걸쳐 높은 곳을 깎아 낮은 곳을 메우는 거야.

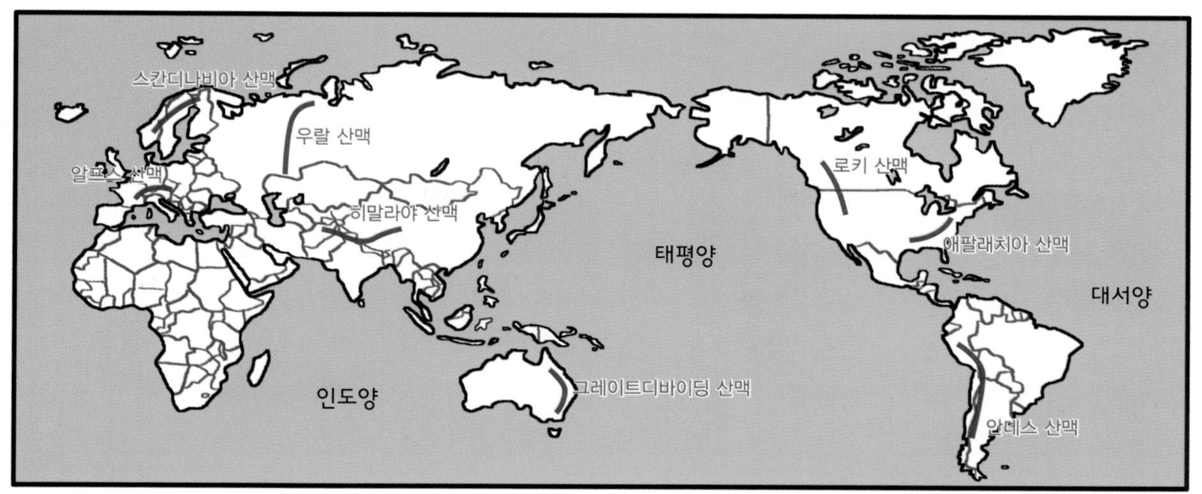
스칸디나비아 산맥
우랄 산맥
알프스 산맥
히말라야 산맥
로키 산맥
애팔래치아 산맥
태평양
대서양
인도양
그레이트디바이딩 산맥
안데스 산맥

애팔래치아, 우랄, 그레이트디바이딩 산지처럼 비교적 낮고 완만한 산지들은

고생대에 솟아올라서 오랫동안 침식작용을 받아 지각이 안정되어 있어.
우리도 왕년엔 엄청났어!

히말라야, 알프스, 로키, 안데스 산지처럼 높고 험준한 신생대 산지들은

판의 경계 부근에 위치해서 지각이 불안정하지.
불안…….
내 밑에서 자꾸 뭐가 움직이는 것 같은데?

신생대 산지가 어디로 튈지 모르는 어린아이라면,
근질 근질
히히, 또 어떤 장난을 쳐 볼까?

고생대 산지는 인생의 풍파를 모두 겪은 할아버지와 같아.
허허, 저렇게 세상 무서운 줄 몰라서 어찌 할꼬?

신이 빚은 것 같은 오묘한 지형 중에는 물이 만들어내는 것이 많아.
자, 물!

영화 〈미션 임파서블2〉의 첫 장면에서
TOM CRUISE
M:I-2
MAY 2000

주인공이 맨손으로 암벽을 타는 곳은 미국 서부의 그랜드 캐니언이야.
헉헉, 내 출연료가 괜히 비싼 게 아니야.
빠밤빠밤빠바밤—
빠밤빠밤빠밤
BGM: 미션임파서블 OST

고원이나 산지에서 시작된 대하천은

급류를 이루다가 평야를 지나 바다로 흘러가는데,

하천의 상류 지역에서 침식 작용이 활발하게 일어나 만들어진 좁고 깊은 골짜기를

협곡이라고 해.
ㅋㅋㅋ

그랜드 캐니언은 로키 산지에서 시작된 콜로라도 강이 콜로라도 고원을 가로지르면서 만들어진 세계에서 가장 깊은 협곡이야.
보기만 해도 아찔하다~.

하천 바닥에 경사가 있는 경우 폭포가 생기지.

과라니 어로 '거대한 물'을 의미하는 이구아수 폭포는
와! 영화 〈미션〉에서 봤던 그 장관이 눈앞에!

폭 4km, 높이 80m

브라질과 아르헨티나 사이에 걸쳐 있는 세계에서 가장 큰 폭포야.
브라질
파라과이
아르헨티나
이구아수 폭포

엄청난 속도로 떨어지는 폭포가 단단한 암석을 깎아,

먼 훗날 경사가 사라지게 되면 폭포도 사라지게 될 거야.
아주 먼 옛날에 이곳에 거대한 폭포가 있었다는 구나.
에이~, 거짓말!
졸졸졸졸

상류의 협곡을 빠져나온 하천은 평평한 들 위로 흐르지.

미국을 남북으로 관통하며 흐르는 미시시피 강의 유역은 면적이 세계 제 3위로 어마어마하고,
『톰 소여의 모험』에 나오는 곳이지!
미시시피 강

주변의 넓은 범람원은 세계적인 밀, 옥수수 곡창지대를 이루고 있어.

범람원이란 홍수로 물이 불어날 때마다 하천이 실어 나른 흙이 쌓인 비옥한 평야를 말해.
여행와서 무슨 공부야…

'유역(流域)'이라는 말은
한마디로 물이 모이는 범위야.
안녕?
넌 어디서
왔니?

여러 군데에서 가느다랗게 흐르던
도랑물, 개울물이 모여 시냇물이
되고,
야호!
졸졸 졸졸졸…

시냇물이 모여서 큰 강물을 이루며
바다로 흘러가지.
드디어
바다에 도착!

나일 강 유역, 인더스 강 유역, 황허 강 유역, 티그리스 · 유프라테스 강 유역은 과거에 기후가 따뜻하고
기름진 흙이 쌓여 대규모 농경이 가능해서 찬란한 고대문명을 꽃피웠어.

바다에 도달한 하천은 지금까지 운반한 물질을 하구에 몽땅 쌓아놓는데,
이것을
삼각주라고 해.
삼각자?

티베트 고원에서 시작해서 인도차이나
반도를 관통하는
인도
중국
미얀마
베트남
메콩 강
라오스
타이
캄보디아

메콩 강의 하구에 있는 삼각주는 세계적인
벼농사지대로 유명하지.

우리나라는 산지가
북동부에 치우쳐 있어
으...
산 싫어
...

동고서저 지형이
나타나기 때문에,
같이 가!
동고서저(東高西低)

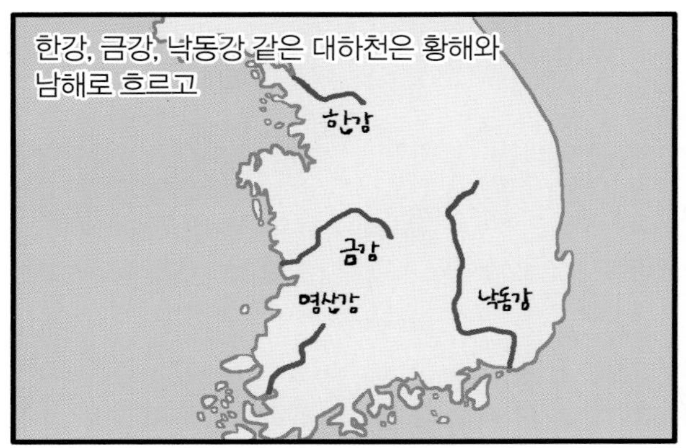
한강, 금강, 낙동강 같은 대하천은 황해와
남해로 흐르고
한강
금강
영산강
낙동강

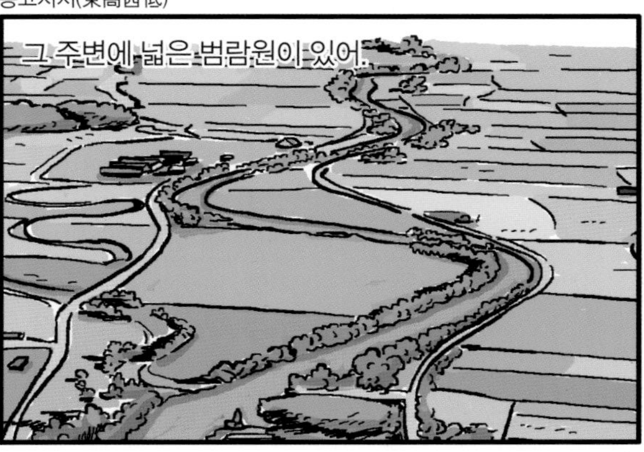
그 주변에 넓은 범람원이 있어.

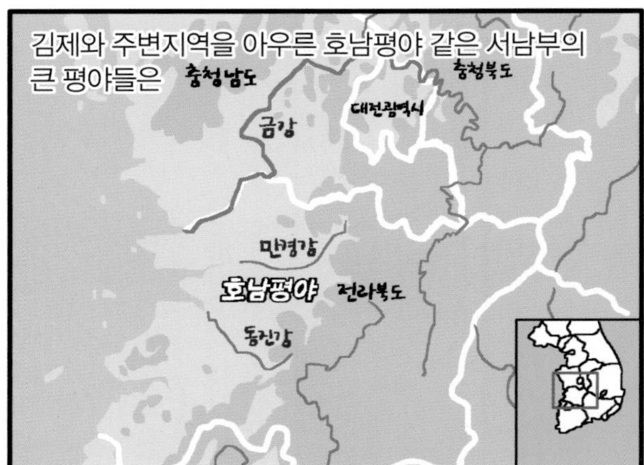
김제와 주변지역을 아우른 호남평야 같은 서남부의
큰 평야들은
충청남도
충청북도
대전광역시
금강
만경강
호남평야
전라북도
동진강

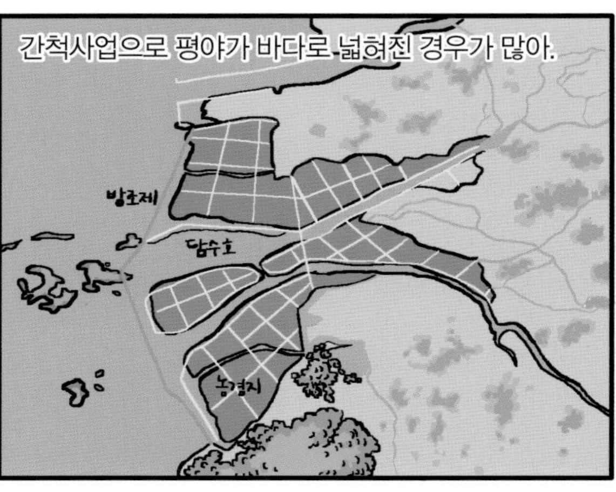
간척사업으로 평야가 바다로 넓혀진 경우가 많아.
방조제
담수호
농경지

바다와 육지가 만나는 해안 지형은
윽, 차거!
바다!

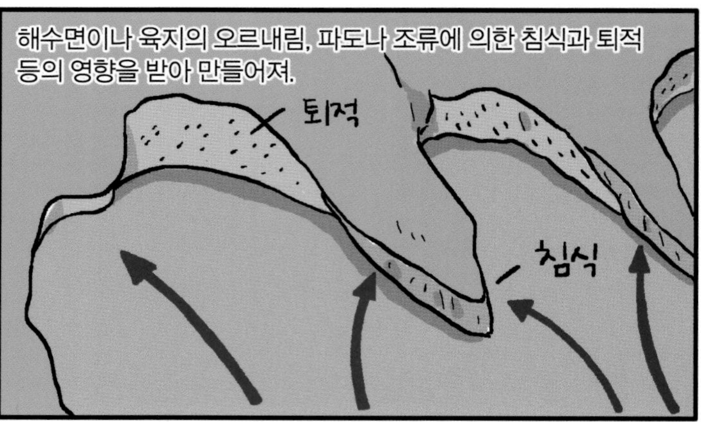
해수면이나 육지의 오르내림, 파도나 조류에 의한 침식과 퇴적 등의 영향을 받아 만들어져.
퇴적
침식

육지가 튀어나와 생긴 곶은

파도가 먼저 다가와 부딪치기 때문에 침식을 잘 받고,
아얏!
철썩
미안.

알갱이가 떨어져나가면 단단한 암석만 남아 암석 해안을 이루게 돼.
다 부셔라, 다 부셔!
철썩

호주 12사도 바위도 파도의 침식으로 하나둘 사라지는 중이지.

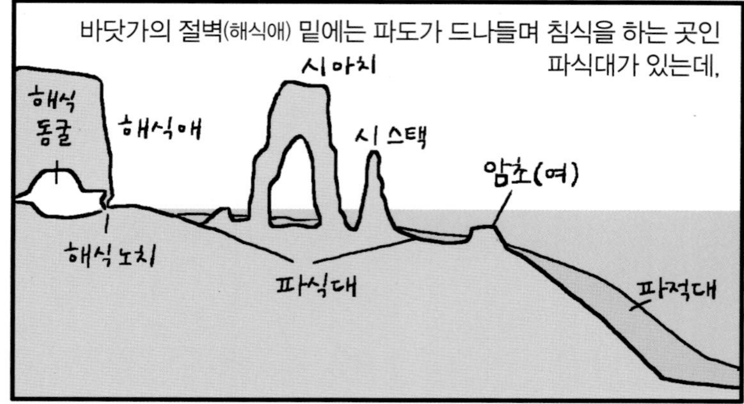
바닷가의 절벽(해식애) 밑에는 파도가 드나들며 침식을 하는 곳인 파식대가 있는데,
해식 동굴
해식애
시 아치
시 스택
암초(여)
해식 노치
파식대
파적대

주변보다 단단한 암석이 촛대나 아치 모양으로 남아 있는 바위섬들이 많아 훌륭한 관광자원이 되고 있어.

바다가 육지 안으로 들어온
지형인 '만'에는

파도가 천천히 밀려왔다가
모래를 쌓아놓는데,
모래 놓고 가요~.
쏴아~

이렇게 쌓인 모래해변(사빈)은
해수욕장으로 이용돼.
♪

사빈 뒤에 사빈의 모래가 바람에 날려 쌓인
모래언덕(사구)에는 샤워장 같은 해수욕장 시설물이 위치하고,

모래 바람을 막기 위해 대부분 숲을 만들어
놓지.

파도가 세지 않은 구석진 곳에

밀물과 썰물의 흐름, 즉 조류의 작용으로 점토가
쌓인 곳을 갯벌이라고 하는데,

이곳은 썰물일 때는 육지로 드러나고
얼른 나와~ 해 지기 전에~.
잠깐만~.

밀물일 때는 잠기는 곳이야.
구해줘!
배 끊겼대!

우리나라의 서해안과 남해안에 세계적인 갯벌이 발달했지.
석모도 갯벌
강화도 갯벌
소래 갯벌
대부도 갯벌
오이도 갯벌
제부도 갯벌
장고항 갯벌
간월도 갯벌
꽃지 갯벌
춘장대 갯벌
새만금 갯벌
변산 갯벌
무안 갯벌
진도 갯벌
송호 갯벌
보성, 벌교 갯벌

갯벌은 주로 양식장이나 염전으로 이용되며,

보령의 대천 해수욕장에서는 질 좋은 갯벌을 이용한 머드축제가 열리고 있지.
FANTASTIC!
HI~!

'만' 지형은 방파제 역할을 하기 때문에,

고기잡이를 하는 어항을 만들기에 유리하고,

큰 배가 정박할 수 있는 곳은 무역항이나 공업항으로 발달했어.

네덜란드의 로테르담이나 우리나라의 부산이 대표적이지.

해안선이 유난히 복잡한 해안에는 리아스식 해안과 피오르 해안이 있어.
〈리아스식 해안〉

〈피오르 해안〉

물이 침식해서 만든 골짜기의 밑바닥은
보통 V자 모양을 이루는데,

물보다 훨씬 육중한 빙하가 골짜기를 만드는 경우에는
밑바닥이 더 평평해져 U자 모양을 이루게 돼.

과거 빙하기가 끝나고
난 어디로
가야 하나?

기온이 따뜻해져
해수면이
높아졌을 때
안녕, 세상아.

이런 골짜기들이 물에 잠겨
복잡한 해안선을 이루게 되었어.

피오르 해안은 내륙 깊숙이 배가
다닐 수 있는 것이 특징인데,

노르웨이에 있는 송네 피오르가
유명해.
와!

유람선을 타고 피오르의 바다와 가파른 절벽에 있는 폭포들을
보는 것이 유명한 관광 상품이야.
정말
아름답다!

빙하는 만년설이 다져지고 얼어서
만들어지고,

점점 무거워지면서 느릿느릿
산 아래로 이동하지.
좀
내려갑시다.
밀지 마세요~.

봉우리의 사면이 3~4개의
빙하에 의해 움푹 파여
지나갈게요
아얏!

뾰족한 모양으로 형성된 봉우리를
호른(horn)이라고 하는데,
호른

스위스의 알프스 산지에 있는
마터호른이 대표적이야.
Paramount
어쩐지
익숙하더라.

빙하의 갈라진 틈을 크레바스라고 하고,
어떻게 건너지?
잘 잡아 봐!

빙하가 지나간 자리나 녹은 자리에 물이 고이면

빙하호가 만들어지지.

건조 지역에서는
바람의 활동이 활발해.
휘잉~

사막에선 버섯 모양을 한 바위들을
볼 수 있는데,

아랫부분이 모래바람에 깎여 나가서 바위의
아래가 홀쭉해졌기 때문이야.
휘잉~
옆구리 시려!

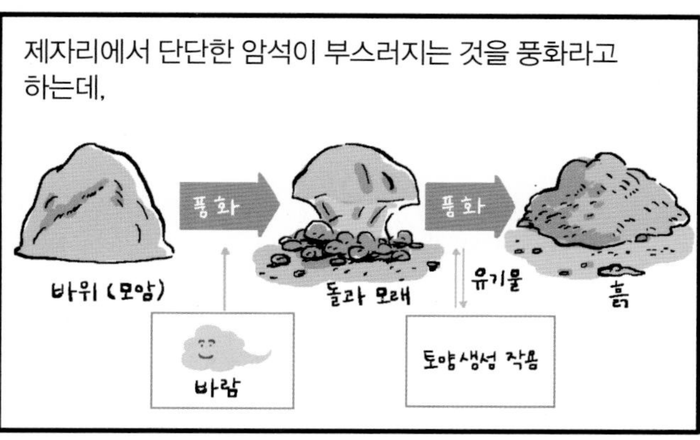
제자리에서 단단한 암석이 부스러지는 것을 풍화라고
하는데,
풍화
풍화
바위 (모암)
돌과 모래
유기물
흙
바람
토양생성 작용

사막은 일교차가 크기 때문에
더워.
추워!

바위가 팽창과 수축을 반복하며 알갱이가 떨어져
나오는 풍화가 활발하게 일어나 모래가 풍부하게
생기는 거야.
내 꼴이 이게 뭐람.

우리는 사막이라고 하면 황금빛 모래언덕만
떠올리지만,

전 세계 사막의 대부분은
자갈과 암석으로 되어 있어.

습윤한 지역에서는
비와 강물이 암석을 녹이는
풍화가 일어나는데,

석회암이 물에 녹아(용식) 만들어진 카르스트 지형이
대표적이야.

우리나라에서는 땅이 움푹 꺼지는
돌리네가 잘 나타나지.

돌리네 안에는 물이 빠지는
구멍이 있는데,

이곳을 통해 지하로 흘러든
물이 동굴을 만들지.

동굴 천장에는 돌이 고드름처럼 달려 있고,

바닥에는 돌이 새순처럼 자라는 모습이 신비롭단다.

우리나라보다 더
기온이 높고 습윤한
중국 남부의
구이린에는
구이린 (桂林)

탑처럼 솟은 석회암 산지들이 펼쳐져 있어 한 폭의
산수화 같이 아름다운 모습이야.

하천과 만나는 탑의
아랫부분이 물에 녹아
침식되기 때문에,

봉우리들의 사면이 무척 가파르지.

미얀마
중국
할롱베이
'용이 내려온 곳'
이라는 뜻을 가진
베트남의 할롱베이는
라오스
태국
베트남
캄보디아

바다에 솟아 있는 석회암의 섬들이야.

일반적인 지형 형성은 대체로
서서히 이루어지지만,
조물 조물

화산과 지진처럼 급작스럽게 지각을 변화시키는
경우도 있어.

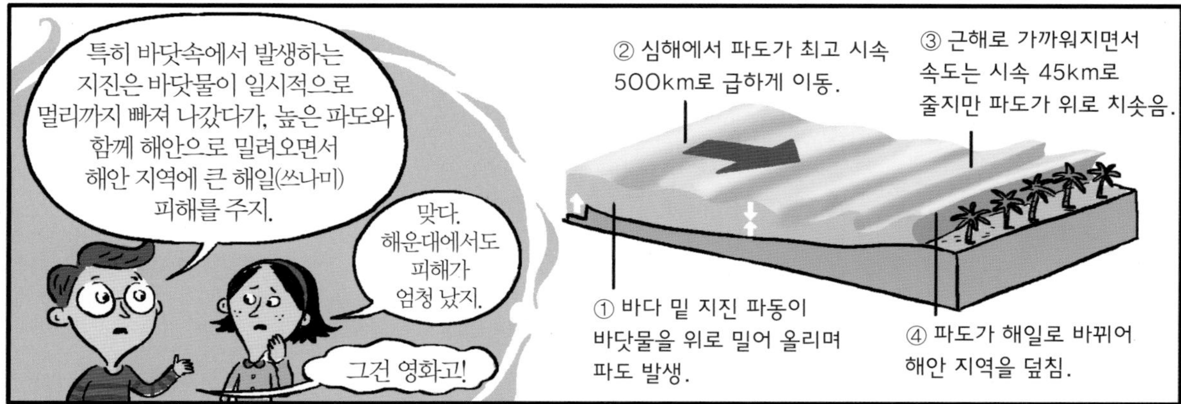
특히 바닷속에서 발생하는
지진은 바닷물이 일시적으로
멀리까지 빠져 나갔다가, 높은 파도와
함께 해안으로 밀려오면서
해안 지역에 큰 해일(쓰나미)
피해를 주지.
맞다.
해운대에서도
피해가
엄청 났지.
그건 영화고!
② 심해에서 파도가 최고 시속
500km로 급하게 이동.
③ 근해로 가까워지면서
속도는 시속 45km로
줄지만 파도가 위로 치솟음.
① 바다 밑 지진 파동이
바닷물을 위로 밀어 올리며
파도 발생.
④ 파도가 해일로 바뀌어
해안 지역을 덮침.

지진과는 달리
화산은 좋은 점도 있어.

화산에서 뿜어져 나온 화산재는
콰 광—

가옥과 농경지를 덮고,
일본 규슈에는
화산 폭발로 매몰된
가옥을 보존하고 있대.

한동안 햇빛을 차단하기 때문에 농작물에
피해를 주는데,
내 농작물
책임져. 엉엉~.

한편으론 여러 가지
광물질을 포함하고 있어
토양을 비옥하게
만들지.
화산재
팩도 있어!

그래서 용암대지인
인도의 데칸 고원은
인도 목화 재배의
중심지이기도 해.
히 말 라 야
데칸 고원

또 화산 활동이 활발한 곳의 주변은 온천이
개발될 수도 있고,
청사~안 ♪
역시 여행의
백미는 온천!

지열을 이용한 발전을 하기도 해.

우리나라에서는 신생대 후기에 일어난 화산활동으로 육지에는 백두산이,
동해와 남해에는 제주도, 울릉도, 독도 등의 화산섬이 만들어졌어.
백두산
콰 쾅~
?
울릉도
독도
제주도

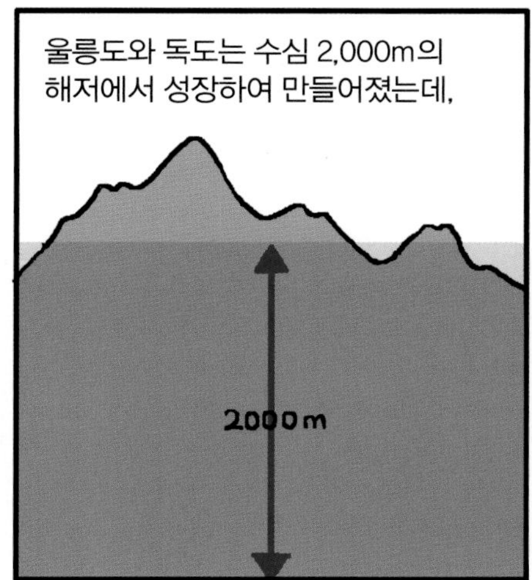
울릉도와 독도는 수심 2,000m의
해저에서 성장하여 만들어졌는데,
2000m

섬의 크기에 비해 매우 큰
화산체들이야.

특히 독도는 작은 바위섬처럼
보이지만,

바닷속을 들여다보면 해양성 화산이 성장하는 과정을
한눈에 보여주는 귀중한 사례이며,
200m
300m

생태 자원의
보물창고란다.
독도는 우리 땅!

울릉도는 끈적끈적한
마그마가 분출하면서

섬의 경사를 가파르게 만들었기 때문에

해안도로를 만들기
어려울 정도인 반면,
무서워!

제주도는 점성이 적은 마그마가 분출되어
완만한 방패 모양을 띠고 있어.
WELCOME TO JEJU ISLAND
드디어
제주도다!
우리의 마지막
여행지야!

한라산의 사면에는 작은 화산체인 기생화산(오름)이
400여 개나 있어.
한라산
오름

그 중 하나인 거문오름에서 분출된 용암류가

지표의
경사면을 따라
해안으로
흐르면서
만들어진
용암동굴은
거문오름용암동굴계
The Geomunoreum Lava Tube System

7개가 14km나
계속되며 장관을
이루고 있지.
우와!

또 성산일출봉은
바다에서 분출한
기생화산이야.
으~ 난 이제
힘들어.

이것은 뜨거운 마그마가 지표면을
향해 올라오다가
헤헤헤.

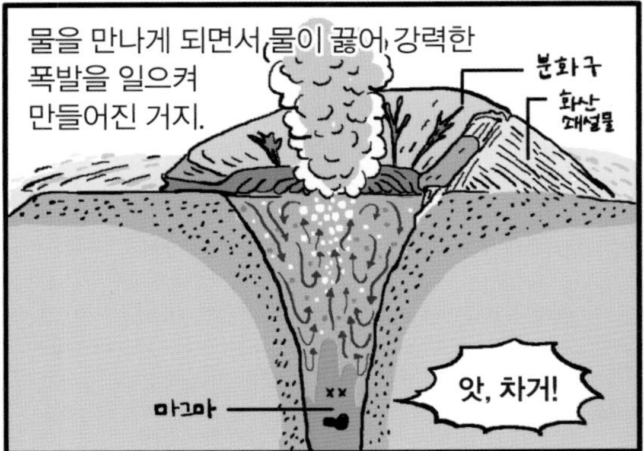
물을 만나게 되면서 물이 끓어 강력한
폭발을 일으켜
만들어진 거지.
분화구
화산
쇄설물
마그마
앗, 차거!

성산일출봉도 한라산과 함께 2007년 유네스코
세계자연유산으로 선정되었단다.

이외에도 용암이 흐르다가

바닷물과 만나서 육각기둥 모양으로 굳어질 때
생긴 주상절리도 유명하지.

어때, 우리나라에도
자랑스러운 자연유산들이
많다는 사실이 놀랍지?
응!

이런 빼어난 자연유산을
자랑스럽게 여기고 소중하게
지켜나가야 해.

불과 화산의 신 헤파이스토스

대장장이의 신 헤파이스토스.

그리스와 로마가 위치한 지중해 연안은 알프스-히말라야 조산대에 속해 있어 화산과 지진이 잦았는데, 고대인들은 지각 운동을 과학적으로 이해하기 이전에 신화로써 설명하려고 노력했어요. 화산과 지진 관련하여 그리스 신화에 자주 등장하는 신은 '바다의 신' 포세이돈과 '대장장이의 신' 헤파이스토스예요. 포세이돈은 원래 그리스 본토에서 지진이나 화산 폭발 같은 땅의 파괴적인 기능을 담당한 대지의 남신이었는데, 제우스의 올림포스 신족 체제가 정립되면서 바다의 신으로 거듭났어요. 그리스 사람들에게 폭풍, 노도, 해일, 지진, 화산 폭발 등과 같은 대자연의 원초적인 힘은 포세이돈의 거칠고 투박한 모습으로 이해되었지요. 헤파이스토스는 이름부터 '불'이라는 뜻으로 땅 밑의 불, 즉 화산과 통해요. '화산(volcano)'은 불의 신 헤파이스토스의 로마식 이름 '불카누스(Vulcanus)'의 이름을 따서 붙인 거예요. 그런데 그는 왜 대장장이의 신으로 더 잘 알려져 있을까요?

헤파이스토스는 제우스와 헤라 사이에서 태어났는데 못생긴 얼굴에 절름발이였어요. 헤라는 이런 아들을 낳은 게 부끄러워 아이를 바다로 던져 버렸는데, 바다에 버려진 어린 헤파이스토스를 바다의 여신 테티스가 구했지요. 그는 그곳에서 여성들을 위한 각종 장신구를 만들면서 지냈는데, 이것이 바로 최고 야금 기술자가 된 계기예요. 다시 올림포스로 돌아온 그를 이번에는 제우스가 집어 던졌는데, 그 이유는 제우스와 헤라의 싸움에서 헤파이스토스가 어머니 편을 들었기 때문이었어요. 이번에는 렘노스 섬의 사람들이 추락한 그를 구했는데 그는 더 심한 절름발이가 되었고, 렘노스는 그의 성지가 되지요.

시칠리아 섬에 있는 약 3,353m 높이의 에트나는 기원전 1500년경에 첫 폭발이 일어난 가장 오래된 화산이자 유럽 최대의 화산이에요. 매일 화염과 연무를 뿜어내

"제우스가 거인족과 싸움을 벌일 때 전세가 불리해진 엔켈라도스라는 거인은 싸움터에서 도주하려다가 아테나 여신이 집어 던진 시칠리아 섬 정상 부분에 깔리고 말았다. 하지만 엔켈라도스는 숨이 끊어지지 않았다. 그렇게 살아남은 그는 지금까지도 에트나 화산 밑에서 도망치려고 몸부림을 쳐서 섬 전체에 지진을 일으키고 숨결은 산을 뚫고 상승하여 불을 토해내고 있다. 헤파이스토스는 엔켈라도스를 억누르고 감시할 목적으로 에트나 산에 대장간을 차렸다. 에트나의 화산 폭발은 엔켈레도스가 뱉는 숨결이자 부지런한 헤파이스토스가 대장간에서 뿜어대는 불꽃인 셈이다."

그 전쟁에서 헤파이스토스는 또 다른 거인 미마스를 향해 펄펄 끓는 용광로를 던졌어요. 이 용광로는 그대로 뜨겁게 타오르다 산이 되었는데 그게 바로 베수비오 화산이에요. 미마스는 그 화산 아래 깔려서 아직도 그곳에서 그 화산을 떠받치고 있지요. 그래서인지 가끔 위협적인 화산 분출이 나타나곤 해요.

'폼페이 최후의 날'로 잘 알려진 나폴리의 베수비오 화산은 로마 귀족들이 휴양지로 즐겨 찾던 고대 문명도시 폼페이를 단 하루 만에 초토화시켰지요. 폼페이는 지중해의 온화한 기후, 영양분이 풍부한 화산재로 덮인 비옥한 토지를 바탕으로 번영을 누리고 있었는데, 79년 12월 16일 베수비오 산이 폭발하여 4,000여 명의 사람과 6,000마리 이상의 가축이 죽었어요. 폼페이는 화산 분출물에 덮여 자취를 감췄고, 돌과 흙이 뒤섞인 화산재의 두께는 최대 6m에 이르렀지요. 고대 도시의 약 30%가 아직 땅속에 남아 있어서 지금도 발굴 작업이 진행 중이에요.

폼페이의 유적지.

5장 어디서 팔고 어디서 사야 이익일까?

예쁜 무늬까지 프린트 된 티셔츠는
으히히히~.
MAKE OVER!
움직이지 마세요~.

상표를 달고 소비자가 있는 시장으로 운반돼.
부르릉~

우리의 경제생활은 이처럼 자원을 이용해 물건을 생산하고,

이를 서로 나누어 가지며,

생활하는 데 필요한 각종 서비스를 제공하는 것 등으로 이루어져.
서비스
서비스

원료를 가공하면 부가가치가 생기는데,
부가 가치

이 더해진 가치만큼 제품 가격을 매기게 돼.
15,000 ₩

스마트폰 같은 것은

첨단 기술이 사용된 고부가가치 제품이기 때문에 비싼 거야.
Date Data Detectors
Calendar access
Address Data Detectors
Automated testing
In-app SMS
Performance profiling tools
Accelerate
Date formatters
Photo Library access
Draggable map annotations
Image I/O
Full map overlays
SDK
Quick Look
Carrier Information
Full access to still and video camera data
당연하지!

생산비: 원료와 제품의 운송비용+공장에서 제조하는 데 들어가는 비용.

베버(Max Weber, 1864년~1920년)

그럼 참치 통조림
공장은 어디에
있을까?
몰라, 그런 거.
맛있겠다~!

역시 원료산지인 바닷가에 있어. 왜냐하면
운반하는 동안 부패할 수 있기 때문이야.

시장에 입지하는 것이
유리한 공업은 음료가
대표적이야.

탄산음료는 약간의 원액을 물과 섞어서
용기에 담는데,

어디서나 구할 수 있는 물을 포함하면서, 완제품의 무게가 무겁기 때문에 시장 근처에 공장이 있는 것이 좋겠지.
SALIM
음료수요~!
MART 25
계동치
ICE CREAM

신선도가 중요한 빵과 같은
식품공업도 주로 시장에
위치하고 있어.
빵이요~!
SALIMS BAGUETTE
BREAD

소비자 가까이에 있으려는 공업을 좀 더 생각해 보자.
?

소비자가 직접 고르려고 하는 옷이나 가구는 시장 지향일 수밖에 없어.

의류 쇼핑몰은 그때그때 고객의 반응을 봐야 하기 때문이고,
요즘 젊은 사람들은 어떤 옷에 관심이 있나?
언니네 옷장
SA

가구는 책상, 침대로 제작되고 나면 원료인 나무보다 부피가 커지기 때문이야.

원료산지와 시장의 중간에 공장이 있다면 그건 왜일까?
원료산지
시장

그것은 교통비가 특별히 많이 들기 때문일 거야.

원료를 수입하는 경우 항구에서 교통수단이 트럭으로 바뀌면서 모두 내렸다가 보관하고 다시 옮겨 쌓는 데 비용이 많이 들겠지.

수송 적환지: 운송 과정에서 운송 수단이 바뀌는 지역으로, 항만 같은 곳.

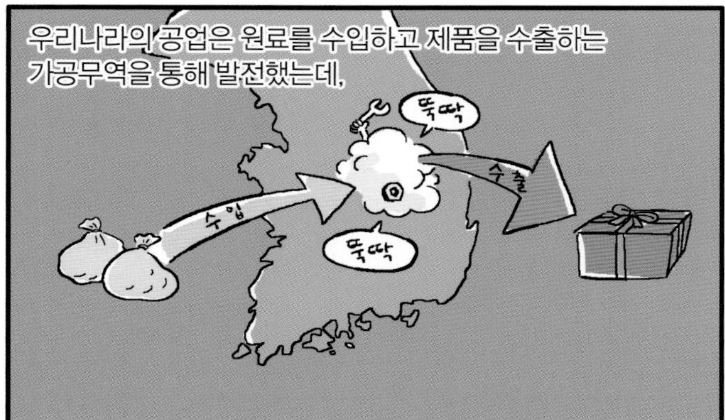

집적 지향으로는
자동차를 빼놓을 수 없지.
부르릉~

자동차는
20,000여 개의
부품으로 완성돼.

부품업체들이 서로 모여 있으면 운송비도 절약하고,
모여서 한번 잘 해보자고~!
BATTERY

더 빠른 생산력으로 이득을 볼 수 있기 때문이야.
합체!

첨단산업의 경우는 운송비가 그리 중요하지 않아.
운송비,
얼마면 돼?

왜냐하면 반도체 같은 경우,
작다고
무시하지 마!

크기에 비해 부가가치가 엄청나게 크기 때문이지.
음하하
나, 이런
산업이야~!

이들이 모여 있는 건 바로 정보교류 때문이야.

새로운 기술이 생성되는 속도가 너무 빠르기 때문에
2년전 기술
1년전 기술
하하,
따라와
보시지!
신기술
쌩

중요한 정보에 뒤처지지 않기 위해
미국의 실리콘밸리나
BLIZZARD
Google
intel
YAHOO!

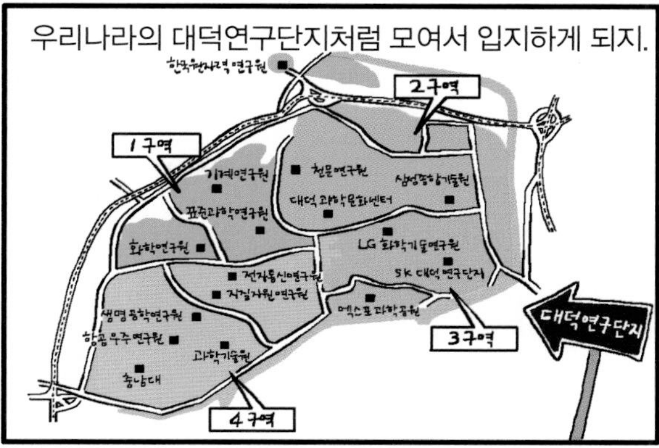
우리나라의 대덕연구단지처럼 모여서 입지하게 되지.
한국원자력연구원
2구역
1구역
기계연구원
천문연구원
삼성종합기술원
대덕과학문화센터
표준과학연구원
화학연구원
LG 화학기술연구원
전자통신연구원
SK 대덕연구단지
지질자원연구원
엑스포과학공원
생명공학연구원
항공우주연구원
과학기술원
충남대
3구역
4구역
대덕연구단지

세계적 규모로 생산 · 판매하는 다국적 기업들이
SAMSUNG

국경을 넘어 활동을 펼쳤기 때문에,

세계는 빠르게 하나의 시장으로 통합될 수 있었어.
GLOBAL MARKET

본사는 보통 선진국의 대도시에 있지만,
JVC
REUTERS
NASDA
Panasonic
YAHOO!
YORK POLICE

공장은 값싼 노동력, 넓은 시장 등을
염두에 두고,
비싸!
혼잡해!
더 넓은 곳으로
가자!

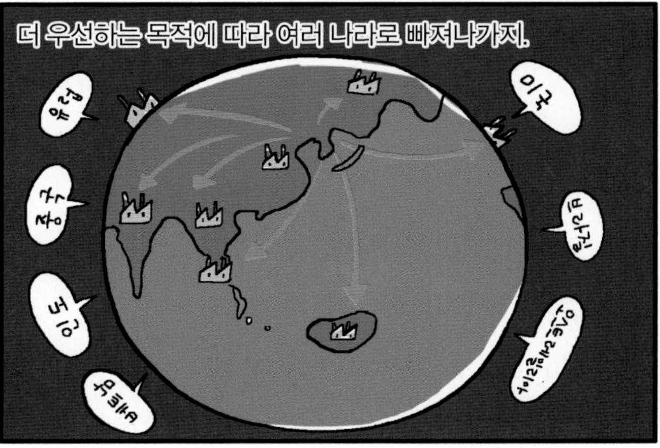
더 우선하는 목적에 따라 여러 나라로 빠져나가지.
유럽
중국
인도
동남아
미국
멕시코
오스트레일리아

우리나라는 다른 선진국에 비해 산업화의
속도가 굉장히 빨랐어.
배고파!
응애~
6.25
뚝딱
뚝딱

1970~1980년대에 고속 성장을 이룰 때는

공장 굴뚝이 지역 발전의 상징이었지.

그런데 그 많던
공장들은 다 어디로
갔을까?
?

우선 대도시의 땅값이 크게 올라
서울에 있던 공장들이
땅
값

수도권과 충청도 등
지방으로 많이 옮겨갔고,
서울

중국과 동남아시아 등으로
많이 빠져나갔어.

우리나라에 비해 임금이 저렴하고,
시켜만
주세요!
돈
더 줘!

잠재적인 소비자가 많이 있기 때문이야.
한국 상품 좋아요~!

주로 의류를 생산하는 가공·수출 단지였던
서울 구로산업단지만 해도

임금 상승으로 공장이 해외로 빠져나가면서
급속히 침체되었지.
구로공단

하지만 1990년대 후반 벤처기업들이
먼저 이곳을 주목했지.
저 자리를 노려볼까?
벤처기업
구로공단

정부도 제도적으로
뒷받침했고,
내가 밀어 줄게!
와~, 감사감사!
정부
구로공단

그 결과, 지금은 구로디지털단지로
불리며 IT, 소프트웨어, 디자인 등의
첨단산업단지로 거듭났지.

그러나 구로디지털단지의 경우는
엄마가 옛날에 구로공단에서 많이 일하셨는데…
구로공단에 팔아버린다고?

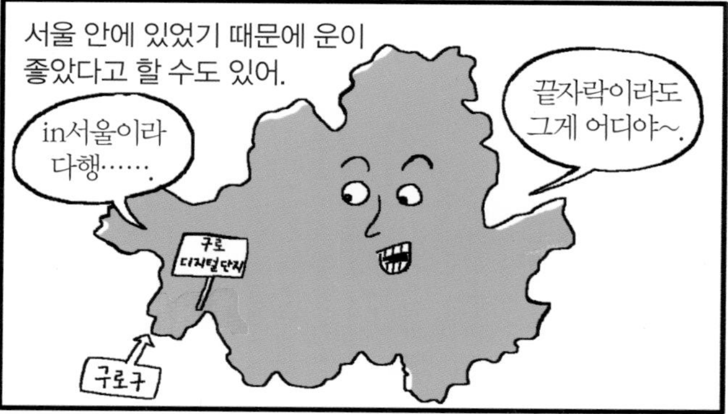
서울 안에 있었기 때문에 운이
좋았다고 할 수도 있어.
in서울이라 다행…….
끝자락이라도 그게 어디야~.
구로 디지털단지
구로구

우리 공업의 가장 큰 문제는 지역의 불균형인데,

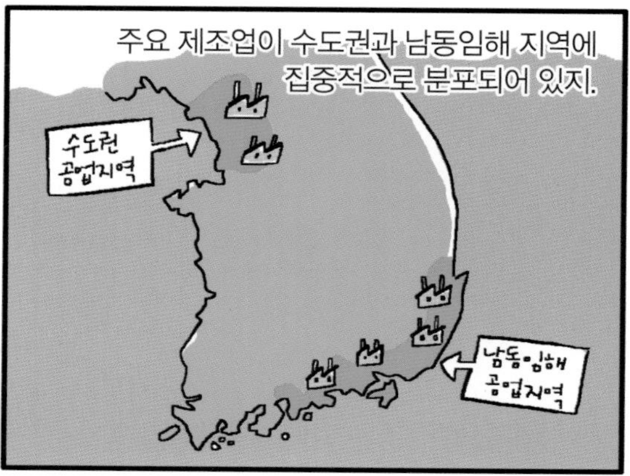
주요 제조업이 수도권과 남동임해 지역에
집중적으로 분포되어 있지.
수도권 공업지역
남동임해 공업지역

기존 공업지역에 공장들이
과도하게 집적하면,

환경오염이나 땅값 상승 등의
문제가 나타나므로,
켁
공기도
안 좋고.
비싸고
혼잡해!
빵
빵

기업들은 새로운 산업에 주목하거나
새로 이전할 곳을 찾게 돼.
다른 일을
알아볼래.
난 이사
가려고.

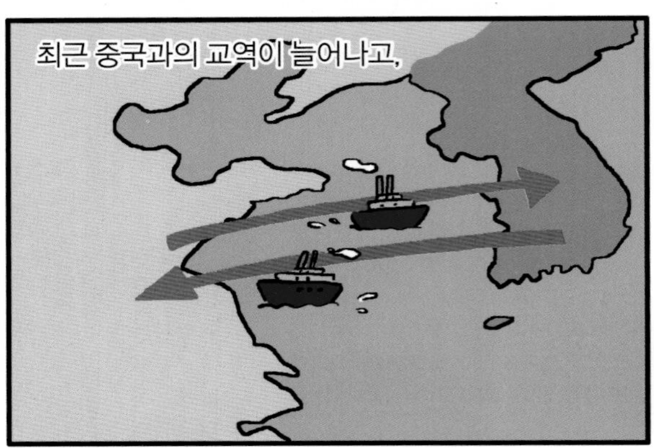
최근 중국과의 교역이 늘어나고,

서해안고속국도가 개통되면서

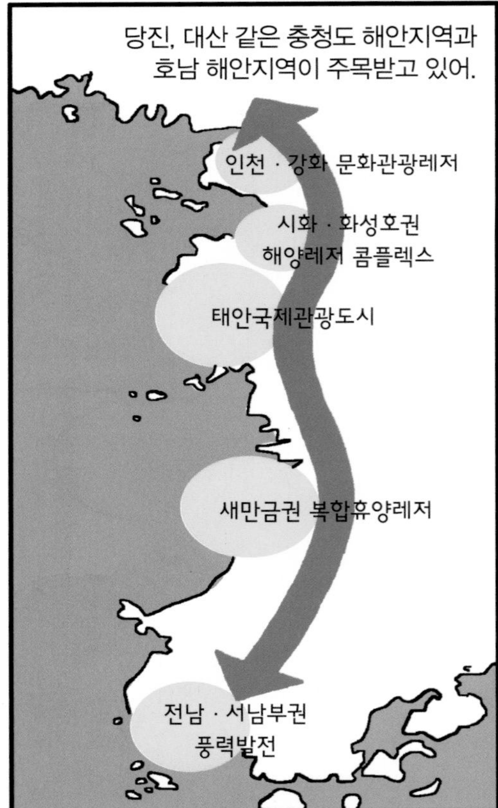
당진, 대산 같은 충청도 해안지역과
호남 해안지역이 주목받고 있어.
인천 · 강화 문화관광레저
시화 · 화성호권
해양레저 콤플렉스
태안국제관광도시
새만금권 복합휴양레저
전남 · 서남부권
풍력발전

지방의 무한한 잠재성을 깨우는 지역 균형발전은
깨어나라,
지방이여!
뾰로롱!
Zzz

필요한 일이기도 한 동시에 장기적으로 이익이 되는
일이기도 하지.
나도
열심히!
부지런히
발전해야지!
쑥쑥
뚝딱
뚝딱

한편 우리나라
산업의 중심은

제조업에서
서비스업으로 완전히
이동했어.
서비스업

의사, 변호사, 교사 등 우리가
선망하는 직업은 모두 서비스업이지.
의사
교사
변호사

이런 사회를 '탈산업사회'라고 해.
산업

제조업은 기술과 아이디어,
디자인이 중시된,
기술
아이디어
디자인

고부가가치 산업으로
탈바꿈하려고 노력하고,

서비스업의 종류와 수는 과거와는 비교도
할 수 없을 만큼 늘어났지.
3차산업
2차산업
1차산업

서비스업은 기업이 소비자 가까이에 있어야 하고,
기업

기계화, 표준화하기가 어렵다는 특징이 있어.
버벅
버벅
내 머리로는
도저히
역부족이야!

창의력이 요구되는 광고 카피 같은 일들은 컴퓨터가
대신할 수 없지.

서비스업은 우리가 생활에서 흔히 이용하는 숙박, 음식점 같은 소비자 서비스가 있고,

기업들이 큰 손님으로 대접받는 금융, 보험, 부동산, 광고, 회계 같은 생산자 서비스가 있어.

다국적 호텔 체인처럼

서비스업 역시 대형화, 글로벌화하고 있는데,

우리나라 금융 업계만 봐도 외국의 큰 은행들이 많이 진출해 있는데,

HSBC 

The world's local bank

Standard Chartered 

citibank

이런 업체들은 대기업들이 많은 서울 등 대도시 입지를 선호하지.

생산자 서비스가 특히 중요한 이유는,

사람을 많이 고용하고 다른 산업에까지 파급효과가 크기 때문이야.

크리스탈러(Walter Christaller, 1893년~1969년)

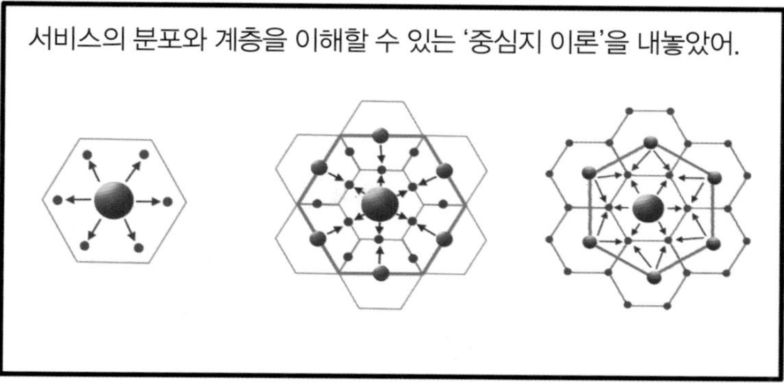

가게가 망하지 않기 위해 필요한 최소 고객 수,
살림슈퍼
최소고객
가게

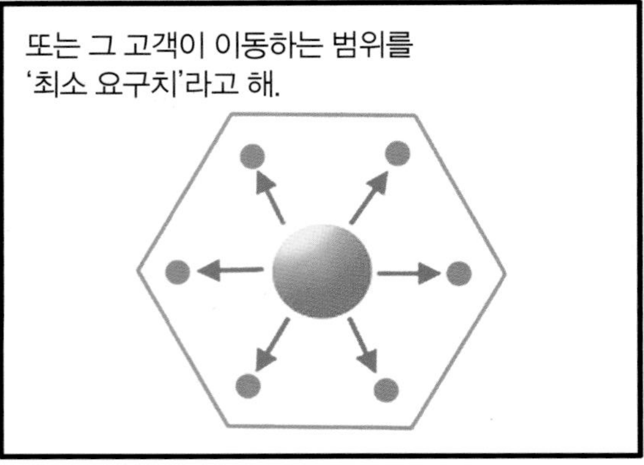
또는 그 고객이 이동하는 범위를
'최소 요구치'라고 해.

구멍가게에 손님이 하루 100명 왔다면 주인은
행복할 테지만,
대박이다!
여보, 오늘 장사
그만해!
살림 마트

백화점에 손님이 하루 100명 왔다면 심각한
고민일 거야.
망했다!
문 닫아야 하나?
Sale

'재화의 도달범위'는 실제로
고객이 이동하는 범위,

즉 상권을 나타내.
상
권

피자집의 상권은 식기 전에 배달할
수 있는 범위이겠지.
PIZZA
PIZZA
식으면
무료입니다!

교통이 발달하면 상권은 계속해서 확대돼.

그러면 소비자는 동네 슈퍼에서 살 수 있는 물건도
대형 마트에 가서 사게 되지.
배신이야!
미안,
차 뽑았다.
살림슈퍼
부웅

이런 현상은 도시 간에도
나타나.

KTX를 통해 지방에 혜택이
돌아갈 것으로 기대했지만,
지방으로
가자!

'빨대효과'라는 것이 나타났지.
흥, 어딜!
엥?

서울로 오는
시간이 단축되자,
쌔앵~

사람들이 의료, 고가 상품, 관광을 서울에 의존하기
시작한 거야.
서울로
와~!
서울
뭐든지
다 많아!
와~

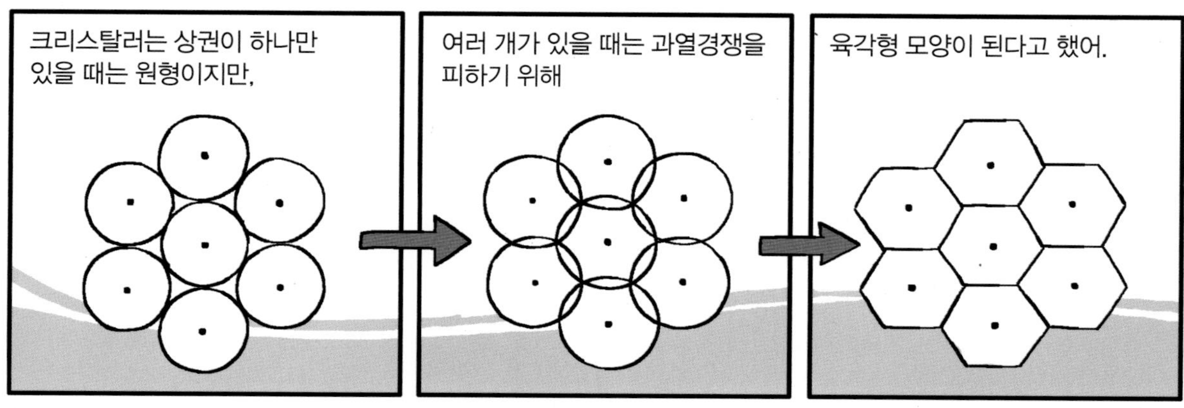
크리스탈러는 상권이 하나만
있을 때는 원형이지만,
여러 개가 있을 때는 과열경쟁을
피하기 위해
육각형 모양이 된다고 했어.

최저가 경쟁을 벌이고 있는 우리 주변의 대형 마트들도
L-MAR
피자
한 판에 9,900원!
SALE
BIG SALE
치킨 한 마리에
5,000원!

시간이 지나면 적절한 간격을 유지해 육각형
비슷한 모양의 상권으로 자리 잡을 거야.
그땐 미안했다.
그래, 합의해서
잘 살자.

최소 요구치와 재화의
도달 범위를 놓고 보면,
최소
요구치
재화의
도달범위

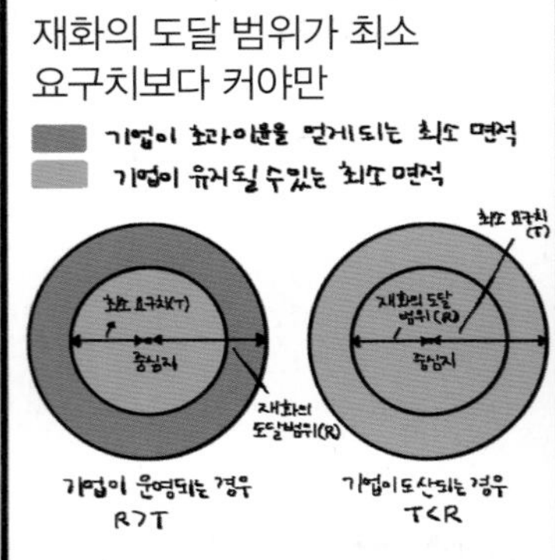
재화의 도달 범위가 최소
요구치보다 커야만
기업이 초과이윤을 얻게되는 최소 면적
기업이 유지될 수있는 최소 면적
최소 요구치(T)
중심지
재화의
도달범위(R)
기업이 운영되는 경우
R>T
최소 요구치
(T)
재화의 도달
범위(R)
중심지
기업이 도산되는 경우
T<R

손해를 보지 않고 가게가
유지될 수 있어.
휴~, 이번 달은
무사히…….
살림 마트

백화점(고차중심지)은
구멍가게(저차중심지)보다
Sale

최소 요구치와 재화의
도달 범위가 더 크고,

취급하는 상품과
8F 문화센터
7F 전문식당가
6F 가전, 생활
5F 아동, 스포츠
4F 남성의류
3F 영캐주얼
2F 숙녀의류
1F 화장품, 잡화

서비스의 종류는 훨씬 더 다양해.
안내

상권이 더 크기 때문에
살림슈퍼
Sale

전체 백화점 숫자는 더 적고,

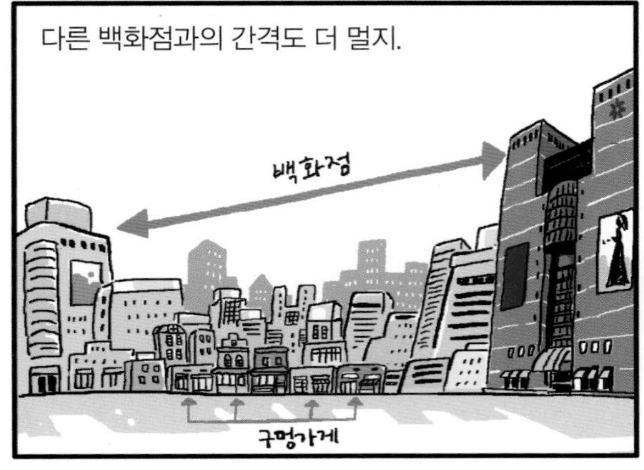
다른 백화점과의 간격도 더 멀지.
백화점
구멍가게

소비자가 찾아오는 빈도도 구멍가게보다 더 적고
말이야.
아저씨, 두부 한 모 주세요.
아저씨, 라면 하나 주세요.
아저씨, 콩나물 좀.
신상이
나왔나?
살림슈퍼
하루 5회
주 1회

요즘 눈에 띄는 것은
전자상거래의 발전이야.

인터넷 쇼핑몰과
DRESSME.COM
JooBang.com
GOTOUR.COM
BOOKSLIFE

TV홈쇼핑이 백화점을 위협할 정도로 성장했고,
지금
사야 해!
파격구성 테팔3종SET
매진임박!

물건을 사기 전에
최신형
노트북을
사야지.

인터넷으로 가격을 알아보는
경우가 많아졌지.
더 싼 데가 있을 거야.
더 나와 닷컴
CLICK

덕분에 택배산업과
택배요~!
와~,
빨리 왔네!
택배

고속도로 주변의 물류센터도 크게 성장하고 있어.

유통업의 절대강자 백화점은

생필품 위주의 대형 마트와
저녁거리
사기 전에 애들
옷 좀 볼까?
그래~.
3 MART
BARGAIN

전자상거래의 위협 속에서 명품 고가 전략을 내세우고
있지.
자기야, 오늘은
신상 구두 나왔나
보러 갈까?
어제 백
샀으면서.
월급
도둑...

기업형 슈퍼마켓(Super Supermarket): 대기업에서 운영하는 슈퍼마켓.

제조업이든 서비스업이든 브랜드가 잘 알려져 있고,
SAMSUNG
STX
CJ
SK
LOTTE
현대자동차
posco
GS
E·MART
LG전자

자본과 유통구조도 탄탄한 대기업이 당연히 유리하지.
대기업
하하하
그거면 된 거 아냐?
자본
유통구조

똑같은 조건에서 중소기업은 경쟁에서 살아남기 힘든 게 현실이야.
대기업
아니, 왜? 뭐가 문젠데?
다 해 드세요…….

'상생'이라는 말을 들어 봤니?
相
(서로 상)
生
(살 생)

우리 조상들은 까치가 겨울에 굶어 죽지 않도록
감이 잘 익었구나.

감을 다 따지 않고 '까치밥'을 남겨두었어.
까치도 먹고 살아야지. 허허허.

산업의 생태계에도 중소기업이 살아남을 수 있도록
거, 옆으로 살짝 비켜 주면 안 돼요?
구멍가게
대기업

두부, 콩나물, 문구, 동네 슈퍼 같은 작은 시장은
콩나물

대기업이 뛰어들지 않고 남겨두는
대기업
고맙소, 흠흠.
하하, 뭘요~.

'상생'을 위한 배려가 필요한 때란다.
하하하
호호호
대기업
구멍가게

세계는 지금 자원전쟁 중!

화석연료란 지질 시대에 생물이 땅속에 묻히어 화석같이 굳어진 석탄, 석유, 천연가스 등을 말해요. 그중 에너지 효율이 뛰어난 석유는 '산업의 혈액'이라고 불리는 만큼 자동차가 달리고, 전기를 생산하고, 공장을 가동하는 데 절대적이지요. 이런 석유가 만들어지는 데 걸리는 시간은 최소 수백만 년인데 인류는 산업혁명 이후 고작 수백 년만에 고갈을 걱정하고 있어요. 전문가들은 세계 경제에 대한 주요 위협으로 국제 테러 다음으로 총체적인 천연자원의 부족과 석유 값 상승을 꼽는데, 에너지와 광물을 아우르는 지하자원 대부분이 공업 활동에 꼭 필요하여 공급에 비해 수요가 급증했기 때문이에요.

더 심각한 문제는 천연자원이 골고루 분포하는 것이 아니라 특정 지역에 치우쳐 존재한다는 거예요. '세계의 주유소'라고 불리는 중동 지역은 자원을 무기화하여 공급량이나 가격을 조종하려고 하지요. 이로 인해 1970년대에 갑자기 석유 값이 폭등하여 세계 경제가 큰 타격을 입는 '오일쇼크'가 몇 차례나 터졌었어요. 에너지 안보에 대한 불안감은 자원전쟁이라고 부를 만큼 살벌한 자원 확보 경쟁으로 이어지고 있지요.

산업화에 박차를 가하면서 에너지에 굶주린 중국은 아프리카와 중동, 중남미 등 손을 안 뻗치는 데가 없을 정도예요. 이런 중국도 각종 반도체 등 첨단제품에 꼭 필요하여 '첨단산업의 비타민'이라고 할 수 있는 희토류에 대해서만큼은 의기양양한 태도를 보이고 있지요. 현재 전 세계 희토류 생산량의 97%가 중국에서 나온다고 하니 '중동에 석유가 있다면 중국엔 희토류가 있다.'는 자신감이 이해가 될 거예요. 센카쿠열도(댜오위다오)는 일본과 중국이 영토 분쟁을 벌이고 있는 지역이에요. 2010년 9월 센카쿠열도 부근에서 일본 순시선을 들이받은 혐의로 중국 선박의 선장이 구속된 일이 벌어졌고, 당시 중국이 희토류 수출을 중단한다며 일본을 압박하자 일본은 사흘만에

중동을 중심으로 한 석유수출국기구(OPEC) 총회.

백기를 들었어요.

우리나라는 자원의 종류는 많은데 양이 풍부하지 않고 석유는 100% 수입하기 때문에 당장 에너지 절약을 실천하는 것이 가장 중요해요. 또한 어느 한 나라에 의존하지 말고 다양한 지역에서 에너지를 확보하려는 노력과 함께 새로운 기술에 투자하며 석유나 천연가스에 대한 의존도를 줄여나가야 하지요. 수소에너지, 태양열, 풍력과 같은 신재생 에너지가 우리를 부르고 있어요.

자원이 풍부한 나라는 대체로 경제적으로 풍요로워요. 세계에서 가장 높은 빌딩인 부르즈 칼리파(828m)는 우리 기업의 기술로 지어진 것이어서 더욱 감탄할 만하지요. 이 빌딩이 있는 아랍에미리트연방의 두바이는 석유로 번 돈을 투자하여 중동의 금융·물류의 중심으로 성장했어요.

반면 '가진 것이 많아서' 오히려 가난한 아프리카 나라도 있어요. '피의 다이아몬드(blood diamond)'에 대해서 들어 봤나요? 시에라리온과 콩고에서는 정부군에 맞선 반군 단체들이 무고한 사람들을 죽이거나 불구로 만들고 있으며, 다이아몬드 판매에서 거둔 이익으로 무기를 사서 잔혹한 전쟁을 계속하고 있어요. 영원한 사랑을 약속하는 다이아몬드가 굶주림과 전쟁으로 고통 받는 지역에서 생산된다는 게 아이러니하지요. 다이아몬드 산업을 건강하게 하고 지역 주민들을 구하려면 국제사회의 더 많은 관심이 필요해요.

영화 〈블러드 다이아몬드〉의 한 장면.

6장 사람이 많아도 문제, 적어도 문제

와글 와글

한 명만 이쪽으로 와서 나랑 놀아 주지…….

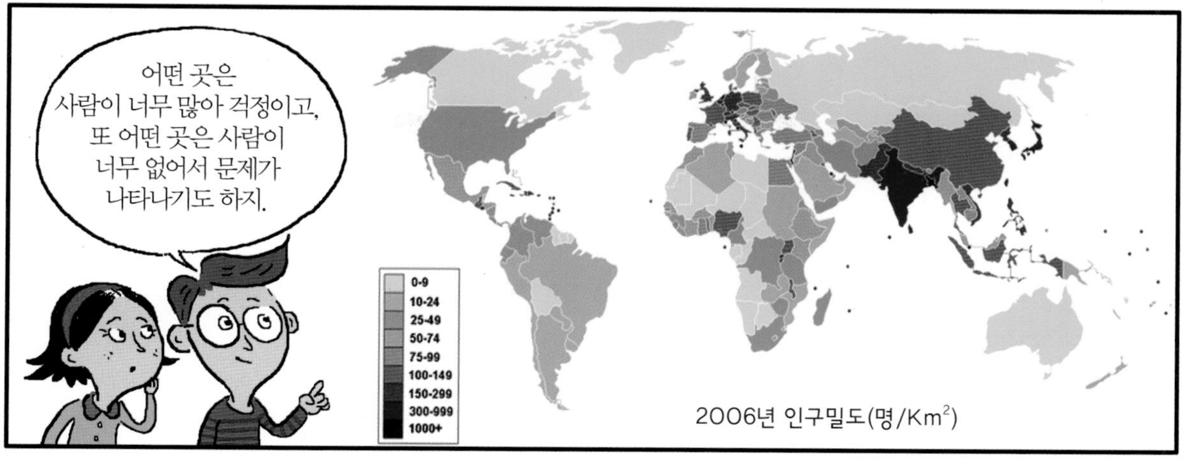
어떤 곳은
사람이 너무 많아 걱정이고,
또 어떤 곳은 사람이
너무 없어서 문제가
나타나기도 하지.
0-9
10-24
25-49
50-74
75-99
100-149
150-299
300-999
1000+
2006년 인구밀도(명/Km²)

이렇게 세계의 인구 분포가 고르지 않은 것은 한 가지 이유 때문이 아니라 다양한 지리적 요인이 복합적으로 작용한 결과야.

또 지리적
요인이야?
이건 지리
편이니까.
-3
이어령의
교과서 넘나들기
- 지리 편
- 잠시
홍보 좀…

먼저 자연적
요인부터 살펴보자.

지구 육지의 대부분이 북반구에 있기 때문에,
N
S

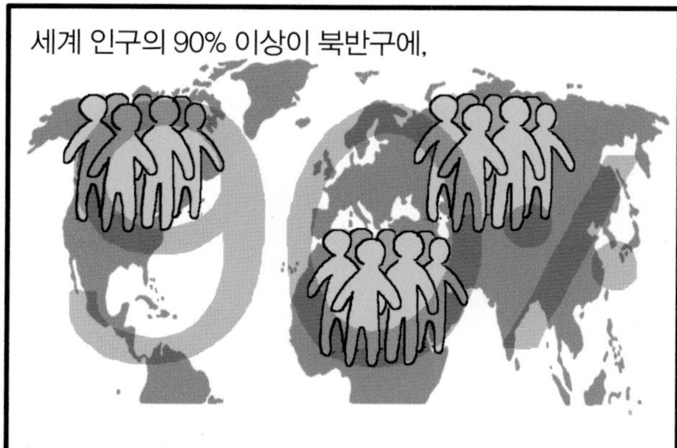
세계 인구의 90% 이상이 북반구에,
90%

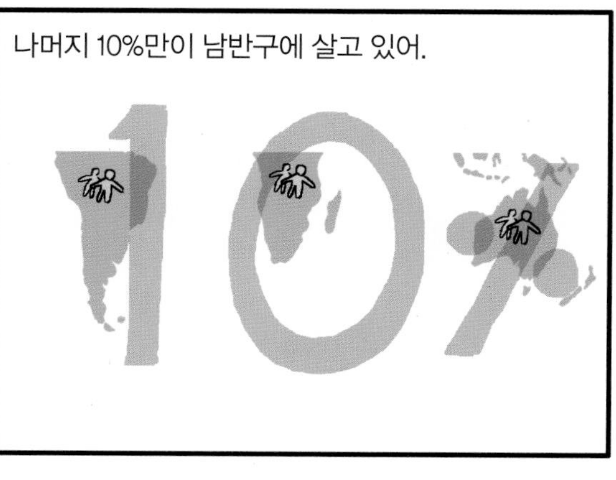
나머지 10%만이 남반구에 살고 있어.
10%

북반구 중에서도 상대적으로 좁은 북위 20~60도 지역에
세계 인구의 절반 정도가 모여 사는데,
오스트레일리아

사람이 살아가기 적당한 온화한
기후 지역이기 때문이지.

그 외에도 내륙지역보다는 바다로부터 500㎞ 이내
지역에 세계 인구의 65%가 집중되어 있고,
65%
500km

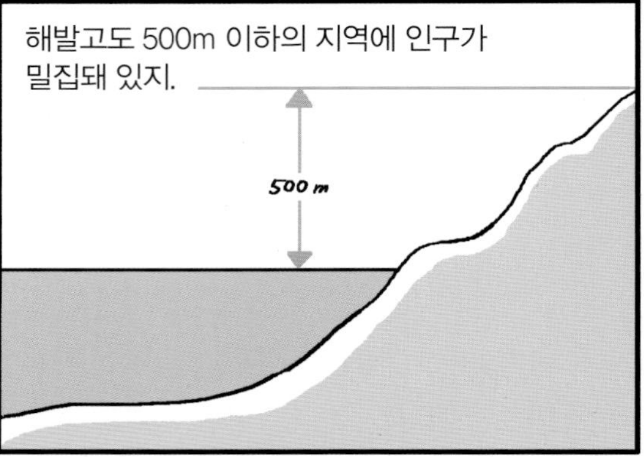
해발고도 500m 이하의 지역에 인구가
밀집돼 있지.
500 m

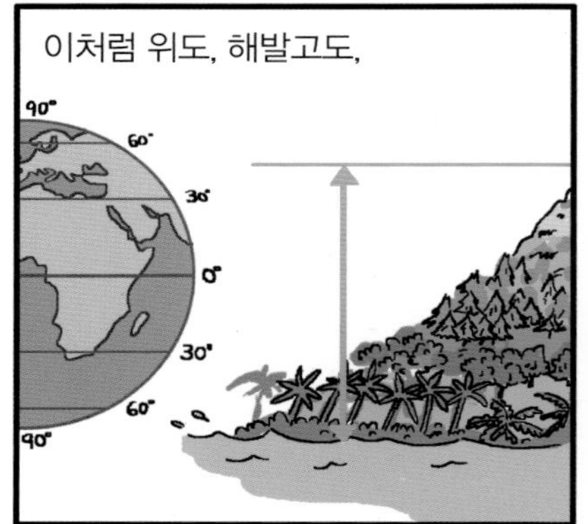
이처럼 위도, 해발고도,
90°
60°
30°
0°
30°
60°
90°

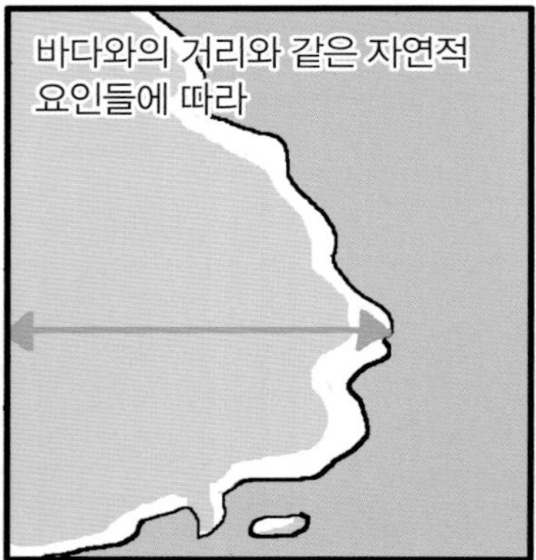
바다와의 거리와 같은 자연적
요인들에 따라

인구 분포가 달라지는 이유는

이런 자연적
요인들로 인해 기후의
차이가 나타나기
때문이야.
'3장 다양한
기후, 다양한 삶'을
참고해 봐!

너무 덥고 습한 열대우림 지역,

건조한 사막,

추운 극지방이나 고산지대 등은

대부분 기후 때문에 농사를 짓기가 어려워.
농사가 뭐예요?

그래서 많은 사람들이 먹고 살기 힘든 지역이지.
아빠, 배고파.
기다려, 사자라도 있으면 잡아 줄게.
나도 배고프다.
쩝…

그렇다면 대륙별 인구 분포는 어떨까?
대륙? 중국?
?

만약 지구가 100명이 사는 마을이라고 가정해 본다면,

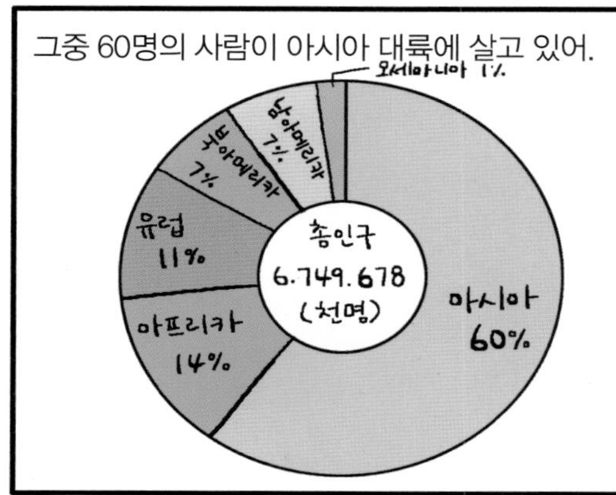
그중 60명의 사람이 아시아 대륙에 살고 있어.
오세아니아 1%
남아메리카 7%
북아메리카 7%
유럽 11%
아프리카 14%
아시아 60%
총인구 6.749.678 (천명)

왜 다른 대륙보다 아시아에 이렇게 많은 사람들이 살까?
아시아 사람들이 아이를 좋아해서 많이 낳나?

아시아 중에서도 인구밀도가 높은 중국과
인도 등 아시아 동부와 남부 지역은
0-9
10-24
25-49
50-74
75-99
100-149
150-299
300-999
1000+

주로 쌀농사를 짓는 곳들이야.

쌀을 재배하기 위해서는 많은 노동력이 필요하지만,
쌀

다른 작물에 비해 많은 사람들을 먹일 수 있는 장점이 있어.
역시 쌀밥이 최고!
쌀국수도 맛있어요!

따라서 쌀농사를 주로 짓는 아시아 지역은

다른 먹거리를 키우는 지역보다 인구밀도가 높은 곳이 되었지.

세계의 인구 분포의 차이는 자연적 요인뿐 아니라
자연
사회적이거나 경제적인 이유 때문이기도 해.
경제
사회
₩
그냥 살고 싶은 곳에 사는 거 아니야?
뭐가 그렇게 복잡해?

정치적으로 안정되었는지,

경제가 발전했는지,

종교와 문화의 중심지인지 등에 따라
MAMMA MIA!
THE LION KING
WICKED
PHANTOM

사람들이 많이 사는 곳과
적게 사는 곳이 나뉘지.

산업과 과학 기술이 발달한 현대에는

과거와 달리 자연적 조건으로 인한 인구 분포의 차이는
많이 사라졌지만,

일자리를 찾거나 정치적 자유를 누릴 수 있는
곳을 찾아 이동하는 일은 오히려 증가하고 있어.
88만원 세대
촛불시위
구인구직
정부는 각성하라!

우리나라의 경우에도 과거에는 넓은 평야가 있고
기후가 온화해서

농사짓기에 적합한 남서부 지역에 인구가
많았지.

반면 산지가 많고 추워서
으~ 추워~.

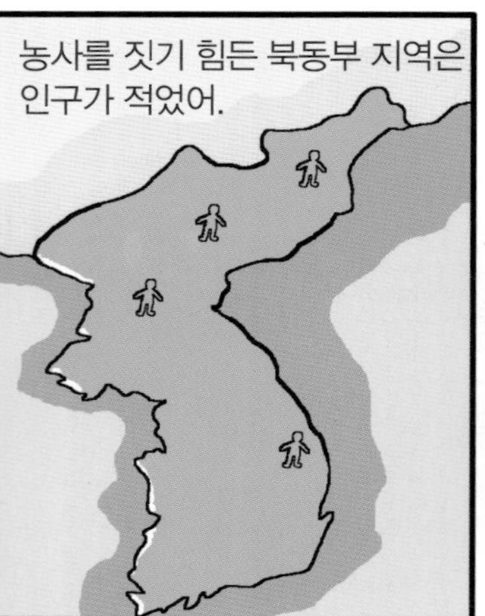
농사를 짓기 힘든 북동부 지역은 인구가 적었어.

그러나 1960년대 이후 산업화가 이루어지면서,

일자리를 찾아 농촌을 떠나 산업이 발달한 도시로 이동하는 '이촌향도(離村向都)' 현상이 많아졌지.
농사짓기 싫어! 도시에서 폼 나게 살 거야!
도시에 일자리 많아요!

그 결과 서울 등 수도권과 대도시 지역,

공업이 발달한 지역에는 인구가 급증했고,

농어촌 지역의 인구는 계속 줄어, 심각한 노동력 부족 현상을 겪고 있지.

이처럼 오늘날 사람들은 태어난 곳에서 평생 살아가는 것이 아니라
해외여행 한 번 못 가보고……
김옥분

원하는 것을 찾아 다른 지역으로 이동하는 경우가 많아.

이런 인구의 이동이 발생하는
원인은 매우 다양해.

무엇보다 오늘날 전 세계의
많은 사람들은

좀 더 쉽게 일자리를 구할 수 있고,
일자리가…….
우리 회사에
지원하는 이유가
뭡니까?
다른 곳에선
다 떨어져서요.
구인구직
벼룩시장

더 높은 임금을 받을 수
있는 곳으로 이동해.
연봉이 많지 않은데
괜찮으시겠어요?
안녕히
계세요~.
휙

대표적으로 개혁, 개방 이후 빠르게
경제성장을 하고 있는 중국에서는

일자리를 찾아 동부 연해 지역의 도시로 엄청나게 많은 농민들이
이동하고 있지.

이렇게 농촌을
떠나 도시에서 일하는
이주 노동자를

'농민공', 혹은 '민공'이라고 부르는데,

그 인원만 해도 현재
약 1억 2천만 명 정도라고 해.
정말 중국은
뭘 해도 스케일이
크구나!

한편 교통이 발달하지 않았던 과거에는
서울은 어떤 곳일까유?
몰러, 가 봤어야 알지.
읍내 안 가셔유?

다른 곳으로의 이동이 쉽지 않았지만,
허긴, 읍내 왔다갔다 허는 것도 힘든디, 서울은 무신 서울…….
쩝
읍내보건소
제가 데려다 줄게요, 영심 씨.

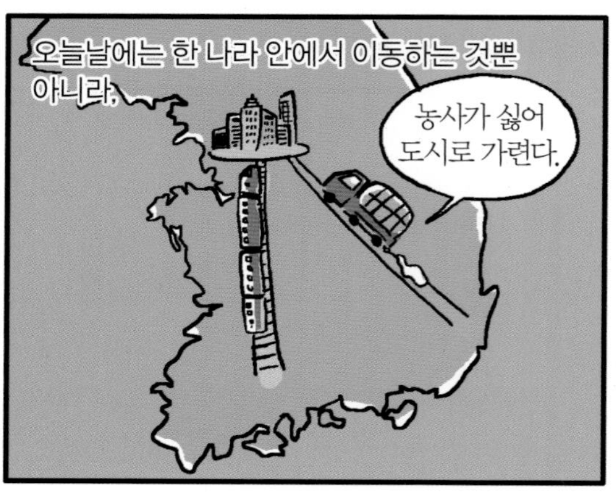

오늘날에는 한 나라 안에서 이동하는 것뿐 아니라,
농사가 싫어 도시로 가련다.

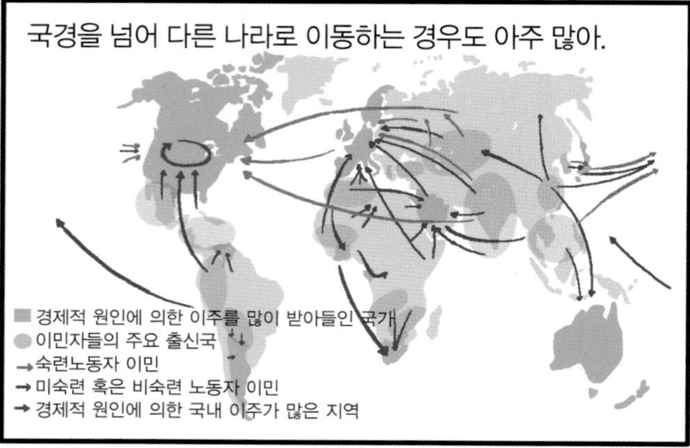

국경을 넘어 다른 나라로 이동하는 경우도 아주 많아.
경제적 원인에 의한 이주를 많이 받아들인 국가
이민자들의 주요 출신국
숙련노동자 이민
미숙련 혹은 비숙련 노동자 이민
경제적 원인에 의한 국내 이주가 많은 지역

더 높은 임금을 받기 위해 주변 국가의 노동자들이 서유럽 지역으로 계속 모여드는 것이나,

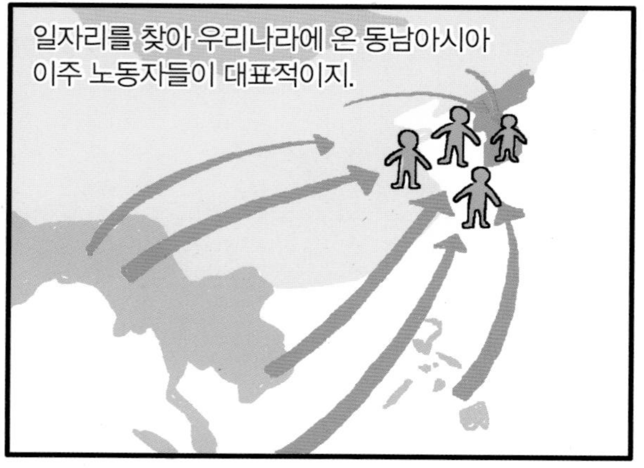

일자리를 찾아 우리나라에 온 동남아시아 이주 노동자들이 대표적이지.

경제적 이유 때문만이 아니라,
베트남에 아내와 세 아이가 있어요. 한국에서 돈 많이 벌고 싶어요.
빈둥거리지 말고 일이나 해!

정치적 자유나 종교적 신념을 지킬 수 있는 곳을 찾아 이동하는 사람들도 있어.
내가 만화를 자유롭게 그릴 수 있는 곳으로 가고 싶다.
물론 원고료도 많이 주는...

유럽에서 아메리카 대륙으로 이주했던 청교도들은
꿈의 아메리카 대륙이여!

종교의 자유를 얻기 위해 신대륙을 찾아간 것이었지.
자유의 땅이여!

그런데 인구 이동이 비자발적으로 이루어지는 경우도 있어.
출근하기 싫어.
나처럼?
BUS

아프리카에 살던 흑인들이 전 세계로 이동하게 된 것은 강제로 신대륙에 노예로 팔려갔기 때문이야.

오늘날에도 아프리카 곳곳에서는

내전이나 가뭄 등으로 어쩔 수 없이 다른 지역으로 피신하는 난민들이 많이 있어.

반면에 어떤 사람들은 쾌적한 생활환경을 찾아 이동하기도 해.
추위는 이제 지긋지긋해.
따뜻하고 쾌적한 곳으로 가고파.

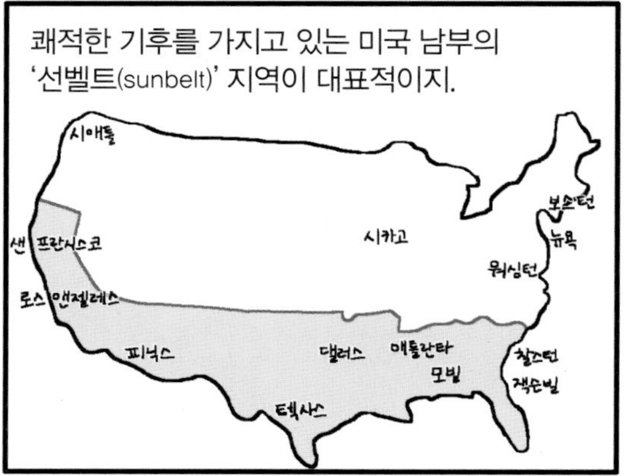
쾌적한 기후를 가지고 있는 미국 남부의 '선벨트(sunbelt)' 지역이 대표적이지.
시애틀
샌 프란시스코
로스 앤젤레스
피닉스
시카고
보스턴
뉴욕
워싱턴
댈러스
애틀란타
모빌
텍사스
찰스턴
잭슨빌

북위 37도 아래를 말하는
선벨트 지역은,

온난한 기후와 풍부한 자원으로

제2차 세계대전 이후 각종 산업이 발달했어.
CHATEAU
TALBOT

따라서 과거에 공업이 발전했던 북부의
추운 지역,

즉 스노우벨트
지역의 사람들이

따뜻한 날씨와 새로운 산업들을
찾아 이동하게 되었지.
새
출발하자,
따뜻한
지역에서!

이처럼 사람들은 어떤 곳으로는 계속 모여들려고
하는 반면,
IN

다른 어떤 곳에서는 사람들이 계속 빠져나가기도 해.
OUT

한 지역에서 다른 지역으로 사람들을 밀어내는 힘을
못 살겠으면 나가!

'배출 요인'이라고 부르는데,
더 이상은 나도 못 참아! 떠날 거야!

주로 가난, 낮은 임금과 일자리 부족, 열악한 주거 환경,

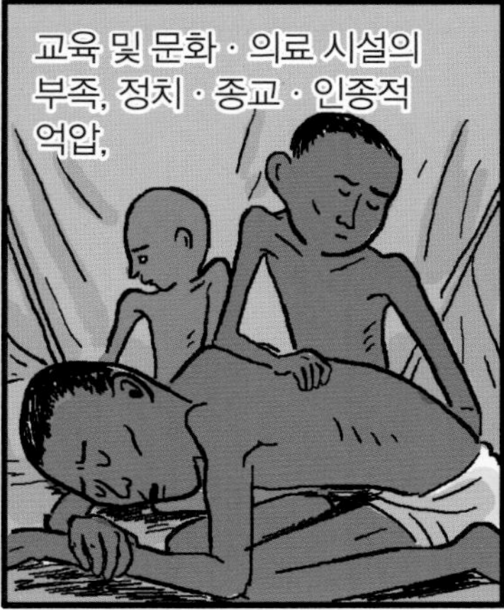
교육 및 문화 · 의료 시설의 부족, 정치 · 종교 · 인종적 억압,

홍수와 가뭄 등이 그 원인이야.

이와 반대로 다른 지역에서부터 사람들을 끌어당기는 힘은
어어어?

'흡인 요인'이라고 불러.
네가 날 끌어당겼니?
응!

사람들은 풍부한 일자리, 높은 임금,

쾌적한 주거 환경, 다양한 교육 및 문화 시설을 갖추고 있는 곳을 찾아 이동하지.

그런데 인구의 이동으로 인해

사람들이 모여드는 지역과 빠져나가는 지역 모두 변화가 생겨.
IN
OUT

일자리를 찾아 젊은이들이 빠져나간 지역에서는

유소년과 노년층의 비율이 높아지고,
애비, 에미야! 걱정 말고 일 열심히 해서 돈 많이 벌어라!
밥 잘 챙겨 묵고!

소득이 줄어들거나 경제성장이 어려워지는 문제가 발생할 수 있어.
젊은이들이 다 도시로 가 버려서 어쩐다?
우리 늙은이들끼리 농사를 짓자니 막막하구먼요.

반대로 경제활동에 참여할 인구들이 모여드는 지역에서는

전혀 다른 문화적 · 사회적 배경을 가진 사람들이
경상도에서 왔스예.
전라도서 왔쇼잉~.
충청도에서 왔슈.
옌벤서 왔십다~.

서로를 이해하지 못해 갈등이 생기기도 하지.
서울 사람들은 원래 이렇게 지꺼만 챙깁니꺼?
경상도 사람은 원래 성격이 그리 급해요?
충청도 사람은 어째 그리 느리당가?
한국 동포들 옌벤 사람 무시하지 마시라요.

한편 세계 인구는 지난 100여 년 동안 폭발적으로 증가해 왔어.
와글 와글
그만 좀 늘어나라.

사실 인류가 출현한 이후 수천 년 동안

인구는 크게 늘어나지 않았지.

1650년까지만 해도 세계 인구는 5억 명 정도였고,
1650
500000000
DOUBLE!

1820년에 10억 명으로 두 배가 되었어.
1820
1000000000
시끌 시끌

세계 인구가 다시 두 배로 늘어나는 데는 110년이 걸렸지만,
1930
2000000000
와글 와글

그 후 50년도 되지 않아서 40억으로 늘어났지.
1980
DOUBLE!
4000000000
북적 북적

오늘날 지구상에는 67억이 넘는 사람들이 살고 있는데,
6700000000

현재의 속도라면 2050년에 세계 인구는 90억 명에 이를 것이라고 예상되고 있단다.
FULL
90억!!
SHOCKING!

정말 엄청난 속도지?
물고기 알 낳는 것도 아니고…

인구가 왜 이렇게 빠르게 증가하게 된 것일까?

외부에서 사람들이 이동하지 않고 자연적인 상태에서 인구가 증가하려면
지구는 포화상태구나. 이사 못 가겠다.
와글와글

출생하는 인구가 사망하는 인구보다 많아야겠지.

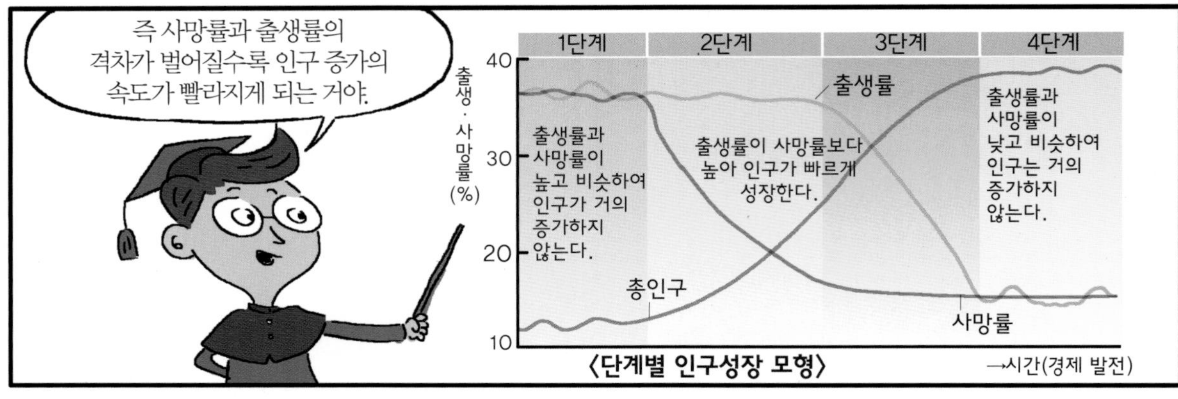
즉 사망률과 출생률의 격차가 벌어질수록 인구 증가의 속도가 빨라지게 되는 거야.
1단계
2단계
3단계
4단계
출생·사망률(%)
40
30
20
10
출생률
출생률과 사망률이 높고 비슷하여 인구가 거의 증가하지 않는다.
출생률이 사망률보다 높아 인구가 빠르게 성장한다.
출생률과 사망률이 낮고 비슷하여 인구는 거의 증가하지 않는다.
총인구
사망률
〈단계별 인구성장 모형〉
→시간(경제 발전)

산업혁명으로 위생과 의료 기술이 획기적으로 발달하면서,

18세기부터 사망률은 급속하게 줄고, 출생률은 계속 높은 수준을 유지하게 되어

인구가 빠르게 증가했어.

최근 일부 선진국을 중심으로 출생률이 감소하면서 인구가 정체되고 있지만,
우린 7년차 부부.
아직 하고 싶은 일이 많아서 2세 계획은 없어요!

상당수 개발도상국가에서는 여전히 출생률이 높고, 인구도 계속 늘고 있지.
돈 벌어 올게요.
엄마, 배고파요!
응애!

따라서 세계 지도상에 나라별
인구증가율을 그려 보면

부유한 지역들과 가난한 지역들 간의
차이가 뚜렷하게 나타나.

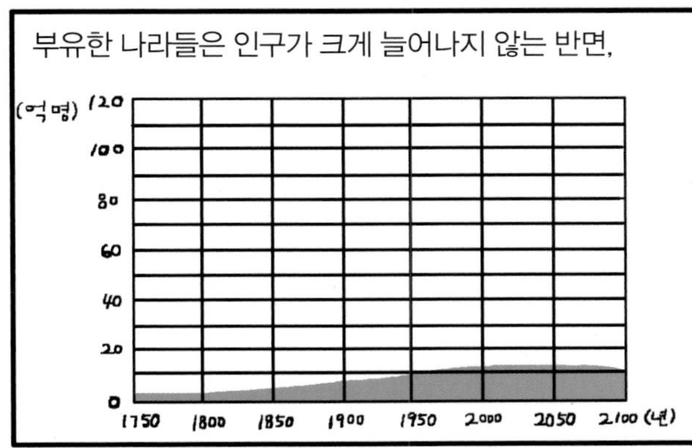
부유한 나라들은 인구가 크게 늘어나지 않는 반면,
(억명)
120
100
80
60
40
20
0
1750
1800
1850
1900
1950
2000
2050
2100 (년)

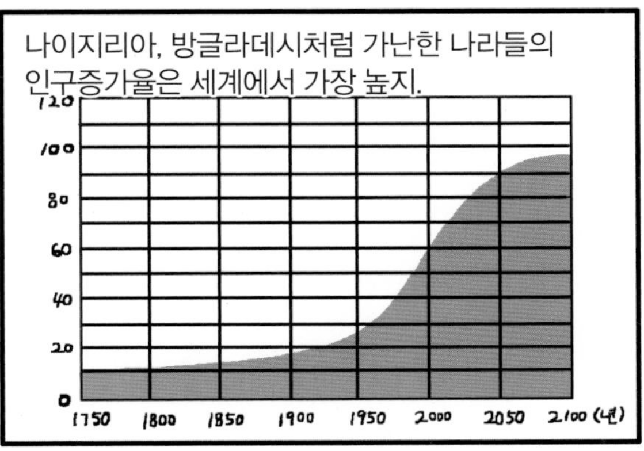
나이지리아, 방글라데시처럼 가난한 나라들의
인구증가율은 세계에서 가장 높지.
120
100
80
60
40
20
0
1750
1800
1850
1900
1950
2000
2050
2100 (년)

경제 수준에 비해 인구가 빠르게 증가하면
북적북적
와글와글

식량이나 일자리 부족 같은 문제가 발생할 수 있기
때문에!
배고파.
일자리를
주세요.

세계 인구의 증가는 인류가 해결해야 할 대표적 과제로 여겨져 왔어.
인구가 너무 많아.
산아제한정책!
인구가 곧 국력이다!
출산장려정책!

맬서스(Thomas Robert Malthus, 1766년~1834년)

"인구는 기하급수적으로 증가하지만 식량은 산술급수적으로 증가하기 때문에 인구와 식량 사이에는 필연적으로 불균형이 발생한다."

우리나라에서도 1960년대부터 1990년대 초까지
가족계획사업이 진행되었는데,

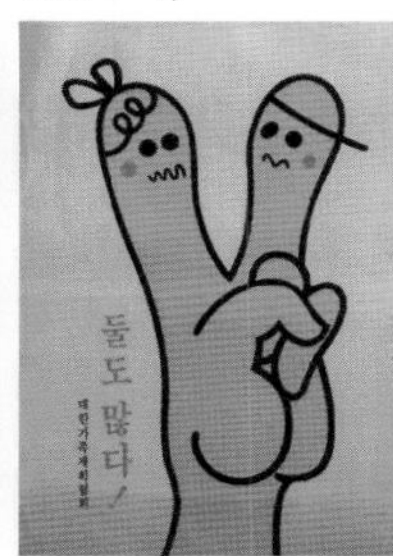

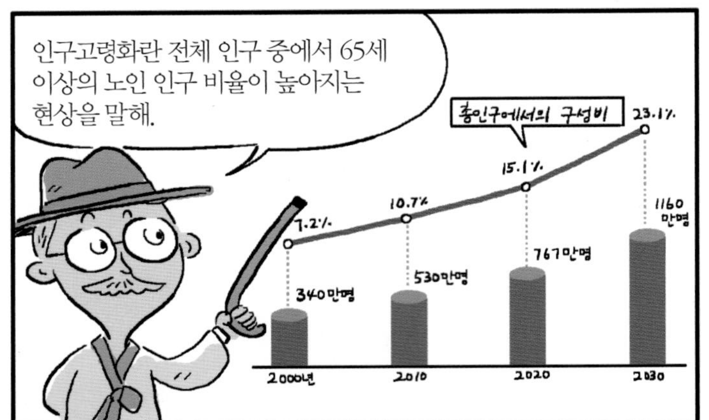
인구고령화란 전체 인구 중에서 65세 이상의 노인 인구 비율이 높아지는 현상을 말해.
총인구에서의 구성비
7.2%
10.7%
15.1%
23.1%
340만명
530만명
767만명
1160만명
2000년
2010
2020
2030

보통 노인 인구 비율이 7%가 넘는 경우 고령화 사회라고 부르지.
노인 인구
7%
전체 인구

고령화 현상은 유럽과 미국, 일본 등

산업화를 일찍 이룬 선진국들에서 먼저 나타났지만,
헐헐~, 같이 늙어 갑시다.
하이!

최근에는 우리나라가 세계에서 가장 빠른 속도로 고령화되고 있어.
헉, 조로증인가!
급속도 노화

노인 인구는 증가하는데, 유소년 인구가 줄어들면

생산 활동에 참가하는 노동력이 부족해지고,
일손이 부족해!!

사회보장비용 부담이 심화되는 등의 문제가 발생하지.

한편, 인구는 남자와 여자의 비율이 균형을 이루고 있는지도 중요해.

남녀의 비율을 알 수 있는 인구 그래프는 피라미드 모양으로 생겨서 '인구피라미드'라 불리지.

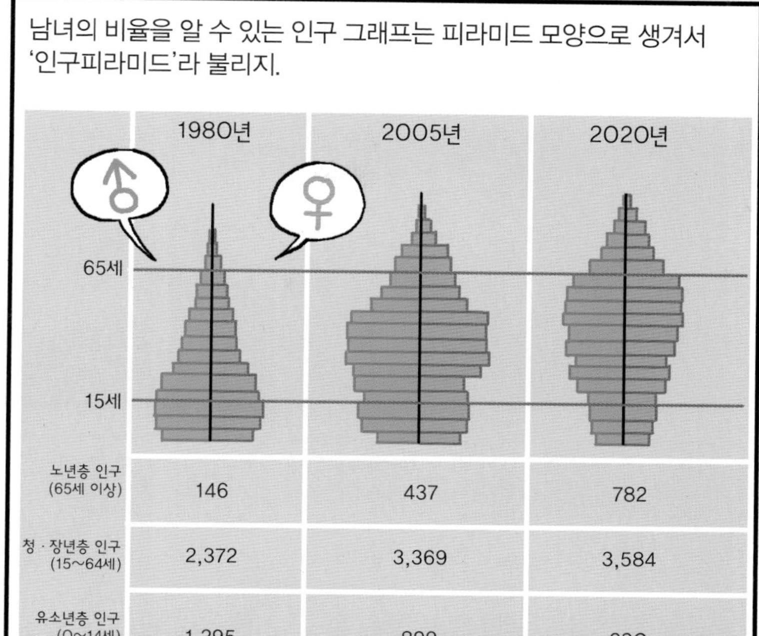

	1980년	2005년	2020년
노년층 인구 (65세 이상)	146	437	782
청 · 장년층 인구 (15~64세)	2,372	3,369	3,584
유소년층 인구 (0~14세)	1,295	899	630

〈우리나라 연도별 인구피라미드〉

(단위: 만 명)
(통계청 「장래인구추계」, 2006)

자연적인 상태라면 대부분의 나라에서 남자와 여자 인구는 대체로 비슷하기 마련이야.

성비는 여자 100명당 남자의 수로 표시해.

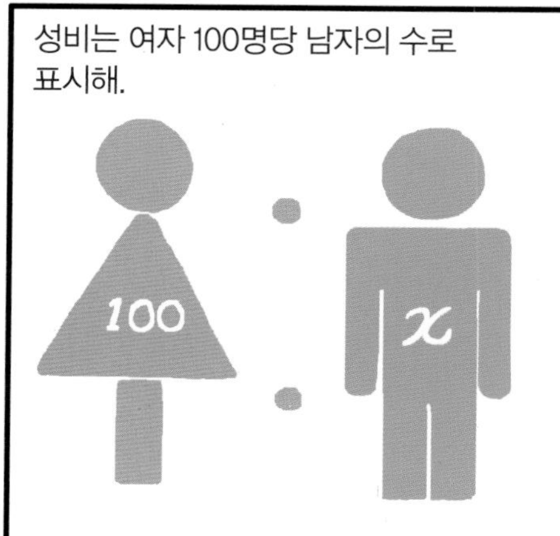

따라서 성비가 100보다 크면 남자가 여자보다 많은 것을, 100보다 작으면 여자가 많은 것을 의미하지.

자연적인 상태에서 성비는
보통 90~110을 유지하기 때문에
100
90 ~ 110

그보다 크거나 작으면 비정상적인 원인이
작용한 거라고 볼 수 있어.
평생 아들만 낳을 수 있는 열매야.
아들?
100
150

보통 전쟁과 같은 사회적 혼란을 겪는 곳에서는
남자보다 여자가 많은 반면에,
엄마, 아빠는 어디 갔어?
네 아빠는 전쟁터에서 그만……
흑흑, 여보~!
쾅-
쾅-

남자아이를 선호하는 사회에서는 남자 인구가 많아.
또 아들이래요.
그랴! 딸은 아무 쓸모도 읎써!
여동생 갖고 싶은데……

전통적으로 남자아이를 선호하는 중국의 경우,

1979년부터 '한 자녀 정책'이 실시된 이후,
인구가 너무 많다! 무조건 한 가구당 한 자녀!
와글 와글

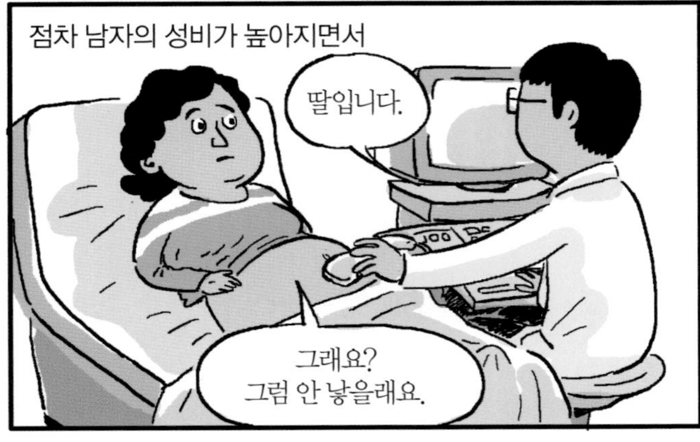
점차 남자의 성비가 높아지면서
딸입니다.
그래요? 그럼 안 낳을래요.

2004년에는 여자아이 100명당 남자아이가
120명을 넘었지.
어디, 남자 좀 골라 볼까?

어쩌라고~? 적으면 적다고 난리,
많으면 많다고 난리!
하하

인구는 결국
사람의 문제야.

숫자가 많고 적은지,
여자가 많은지 남자가 많은지,

더 많은 아이를 낳아야 할지,
하나만
더 낳을까?
동생 낳아주세요!
그만…!

사장님, 나빠요!
그럼 돌아가!
일한다는 외국인 줄섰어!
외국인 이주자들을 더 많이 받아들여야 할지 등은

모두 한 사람, 한 가족, 한 사회에게는 매우 중요한 변화를 만들어 내는 일이라는 점을 잊지 말아야 해.
응애~!
나는
꼴깍!
코리안 드림!
이민 갈 거야!
인구정책을 새로
개정합니다!
가족
사회
국가

맬서스처럼 굶주림과 사회 혼란 등으로 많은
생명이 사라지는 끔찍한 일들을
내가 뭘!
인구론
꼬르륵

인구증가를 조절하는 자연스러운 현상으로 생각하면
안 되니까 말이야.
사람은 모두
소중하니까!

세계의 난민 이야기

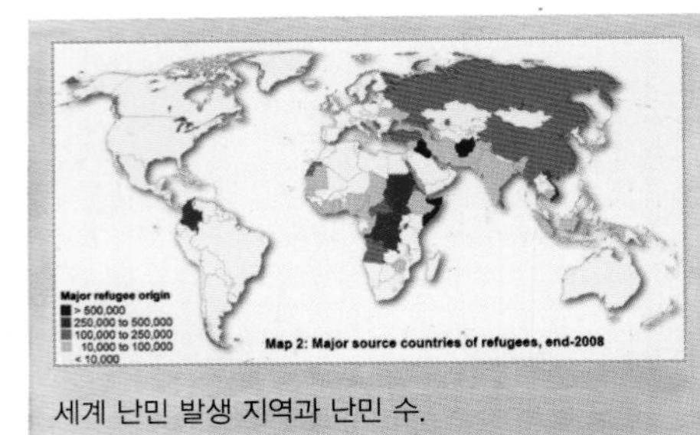

세계 난민 발생 지역과 난민 수.

'난민(難民, refugee)'이란 말을 들어 본 적 있나요? 원래 난민이라는 말은 생활이 곤란한 사람이나, 전쟁이나 천재지변으로 어려움에 빠진 이재민 등을 일컫는 말이었어요. 그런데 최근에는 주로 인종·종교·정치적 이유로 인해 본국에서 차별과 박해를 받아 외국으로 탈출한 사람들을 말해요. 2007년 말 기준으로 전 세계에는 우리나라 인구보다 많은 6,700만 명의 난민이 고향을 떠나 힘들게 생활하고 있다고 해요.

그런데 세계 인구 100명 중 1명이나 되는 많은 사람들이 난민이 된 이유는 무엇일까요? 가장 큰 이유는 민족, 종교, 정치적 관계 등으로 분쟁이 발생한 경우예요. 20세기 초 러시아에 공산혁명이 발생했을 때나, 독일에 나치정권이 수립되었을 때는 수백만 명의 사람들이 전 세계로 탈출해야 했어요. 제2차 세계대전 이후에도 또한 1970년대 캄보디아와 베트남 등지에서 목숨을 걸고 바다로 탈출한 '보트 피플(Boat People)'은 분쟁으로 인한 대표적 사례에요.

이처럼 분쟁을 이유로 국외로 탈출하는 난민의 행렬은 최근까지도 계속되고 있어요. 1998년부터 코소보에서 발생한 세르비아군의 무자비한 인종청소로 인해 80만 명에 달하는 주민들이 학살을 피해 해외로 탈출하였고, 21세기 들어서도 아프리카 수단의 다르푸르 지역에서 인종 분쟁으로 250만 명의 난민이 발생하기도 했어요.

특히 다르푸르 지역의 분쟁은 가뭄으로 사막화가 진행되면서 물 사용권을 놓고 이슬람계 유목민과 아프리카계 농민 간의 갈등이 격화된 것이 그 한 원인이에요. 이처럼 가뭄이나 지진, 홍수 등과 같은 자연재해가 원인이 되어 난민이 발생하기도 해요. 더욱 큰 문제는 온난화 현상이 심각해지면서 빙하가 녹거나 해수면이 상

승하는 등 광범위한 지역에 기후의 변화가 나타나고 있다는 점이에요.

따라서 최근에는 가뭄이나 토양침식, 사막화, 삼림파괴, 지진과 지진해일 등의 환경문제로 인해 자신들의 삶터에서 더 이상 살 수 없게 된 이른바 '환경난민'이란 말까지 등장하게 되었어요. 1985년 유엔환경계획(UNEP) 보고서에 따르면 환경난민이란 '눈에 띄는 환경적 변화로 삶의 질이 심각하게 훼손됐을 뿐 아니라, 존재 자체가 위험해지면서 전통적으로 살아온 장소를 강제로 떠나게 된 이들'을 말하는데, 온난화 등으로 인한 기후변화와 해수면 상승으로 이러한 환경난민은 앞으로 더욱 많아질 것으로 예상되고 있어요. 특히 환경난민 문제가 심각한 이유는 분쟁 등 정치적 원인에 의한 난민들은 상황이 개선되면 고향으로 돌아갈 수 있지만, 전 지구의 환경변화로 인한 환경난민의 경우에는 돌아갈 곳이 영원히 사라져 버리기 때문이에요.

어떠한 이유로든지 고향을 떠나 난민이 된 사람들은 임시로 마련된 좁은 수용소에서 매우 힘들게 생활하는 경우가 대부분이에요. 굶주림이나 자연재해에 무방비로 노출되기도 하고, 난민촌 내에서의 무력충돌로 인해 위험에 처하기도 해요. 난민을 돕기 위해 국제연합 등 국제사회에서는 여러 도움의 손길을 내밀고 있지만 충분하지는 못해요. 사실 우리나라는 난민협약과 난민의정서 체약국으로 난민을 보호해야 할 책임을 지니고 있는 나라이지만, 아직까지 난민들에 대한 지원은 미약하기만 한 실정이에요. 일제강점기와 한국전쟁을 거치면서 많은 한국인들이 난민이 될 수밖에 없었던 과거를 떠올려보면, 이제 우리도 고통 받는 난민 어린이의 손을 잡아주어야 할 때가 아닐까요?

케냐의 북동부 난민촌의 소말리아 난민들.
(자료 : UNHCR / E. Hockstein / August 2009)

7장 도시에서 사는 사람, 호모 우르바누스

SEOULITE

PARISIEN

그런데 촌락에 사는 것과 도시에 사는 것은 어떻게 다를까?
당연히 도시가 편하고 좋지!
…….

촌락에 사는 사람들은 농사를 짓거나 고기를 잡는 것처럼 대부분 비슷한 일을 하고 살아.

반면에 도시에 사는 사람들은 공장에 다니거나 서비스업과 같은 다양한 일자리를 가진 경우가 많지.

인구가 많지 않은 촌락과는 달리

많은 사람들이 모여 사는 도시에는 아파트 같은 고층 건물이 많고,

버스나 지하철에도 사람들이 가득하지.
내려요!
아우, 밀지 좀 마세요!

촌락에서는 한 마을에 사는 사람들이 할아버지의 할아버지 시절부터 가족처럼 가깝게 지내왔다면
잘 놀다 오너라~.
우리 사돈 맺을까?

도시에 사는 사람들은 옆집에 누가 사는지도 모르는 경우가 많지.
307
옆집에 저런 애가 살았었나?
308
삐 삐 삐

사실 전통사회에서는
대부분의 사람들이

농사를 짓거나 고기를 잡아 생계를 유지하는 촌락에서 살았어.

그러다 기원전 7000년경 인류는 최초로
도시를 만들기 시작했는데,
뚝딱
뚝딱

서아시아의 예리코, 우르, 바빌론 등의 도시들로 알려져 있지.

이들 최초의 도시들은 위험을
방어하기 쉬운 곳이거나,
크르르르릉
오지 맛!

상품 운송이 편리한 강가나 바닷가, 도로 등과 가까운
곳에 세워졌어.

이때부터 도시 사람들은 상품을 만드는 장인, 물건을 파는 상인, 군인, 회계원과 같은 다양한 직업들을
가지고 있었다고 해.

이후 아테네와 같은 그리스의 도시국가들과
고대 로마의 도시들은

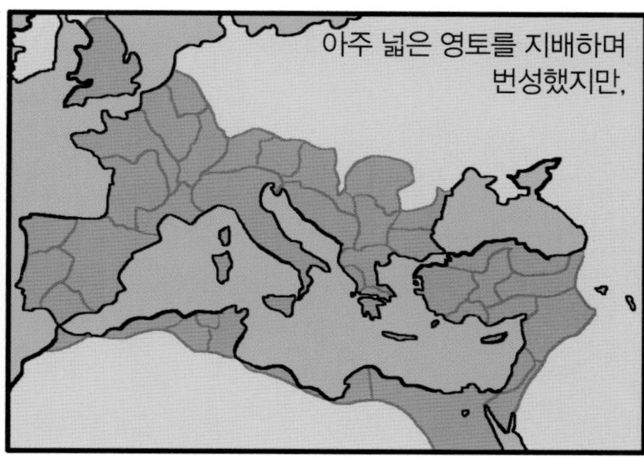
아주 넓은 영토를 지배하며
번성했지만,

로마제국이 멸망한 이후에는

유럽에서 한동안 도시를 찾아보기 어려웠단다.
조용…….

8세기에서 11세기 사이 이슬람과의 상업을
위해 베네치아와 같은 이탈리아의 일부
도시들이 발전하기도 했지만
아주 미미한
수준이었지.

도시의 발전에서 큰 전환점이 된 시기는 18세기야.
18TH
CENTURY

공장에서 기계로 한꺼번에 많은 상품을 만들어 내는
'산업화' 시대가 시작된 것이지.

공장의 일자리를 찾아 많은 사람들이 촌락을 떠나
도시로 이동하면서

도시가 엄청난 속도로 성장하기 시작했어.

촌락이었던 지역이 도시로 바뀌는 현상을
'도시화'라고 해.
여기도 이제 도시가
다 되었구먼.

사람들이 도시로 모여들면서 도시의 인구가
증가하고 도시의 숫자도 늘어나면서,
도시에서
살고파!

더 많은 사람들이 도시 생활을 하게 되는 현상을
말하는 거야.

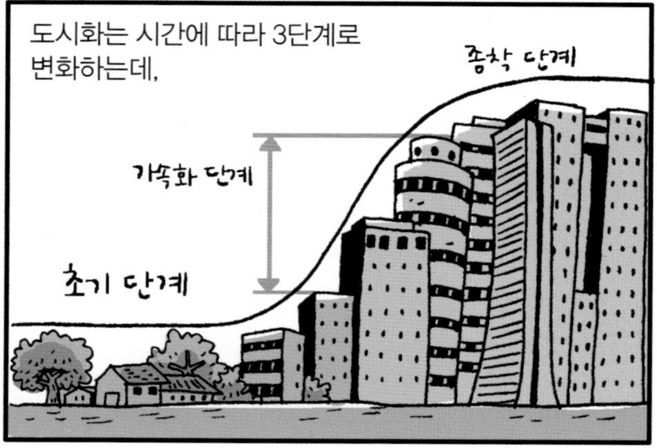
도시화는 시간에 따라 3단계로
변화하는데,
종착 단계
가속화 단계
초기 단계

초기 단계에서는 아직
공업이 발달하지 않아서
초기 단계

대부분의 사람들이 농사를 지으며 살기 때문에 도시화의
수준은 매우 낮은 상태야.

그러다가 점차 산업화가 진전되면
뚝딱 뚝딱
뚝딱
뚝딱

촌락에 살던 사람들이 도시로 이주하는
'이촌향도(離村向都)' 현상이 활발해지면서
우루루루…

도시화가 급속하게 진행되는
두 번째 가속화 단계에 도달하게 되지.
가속화 단계

마지막으로 산업이 점점 더 발달하면

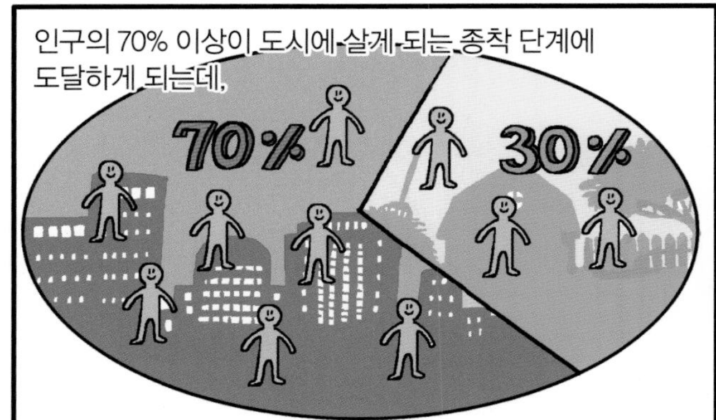
인구의 70% 이상이 도시에 살게 되는 종착 단계에
도달하게 되는데,
70%
30%

이때는 도시화의 속도가 점점 느려지게 되지.

일찍부터 도시화가 진행된
선진국들에서는 이 단계가 되면

오히려 도시의 인구가 농촌 지역으로
이동하는 '역도시화' 현상이
나타나기도 해.
공기 좋은 시골에서
농사나 짓고 살련다.

우리나라는 1960년대 초까지만 해도
1960

대부분의 사람들이 촌락에 사는
도시화 초기 단계였는데,

1960년대 중반부터 산업과
경제발전으로

서울과 같은 대도시로
사람들이 모여들고,

포항 · 울산 · 창원처럼 공업이 발전한 도시들이 빠르게
성장하는
포항
울산

가속화 단계가 시작되었지.

점점 더 많은 사람들이
도시로 모여들면서 1990년대부터
우리나라도 도시에 사는 사람들이
70%를 넘어서는 종착 단계에
도달했지.
도시화율
(%)
100
90
80
70
50
40
30
20
10
0
4.5
9.0
18.0
23.0
39.1
50.1
68.7
81.9
88.3
90.3
㉠
㉡
㉢
1920
1940
1960
1980
2000
2007(년)

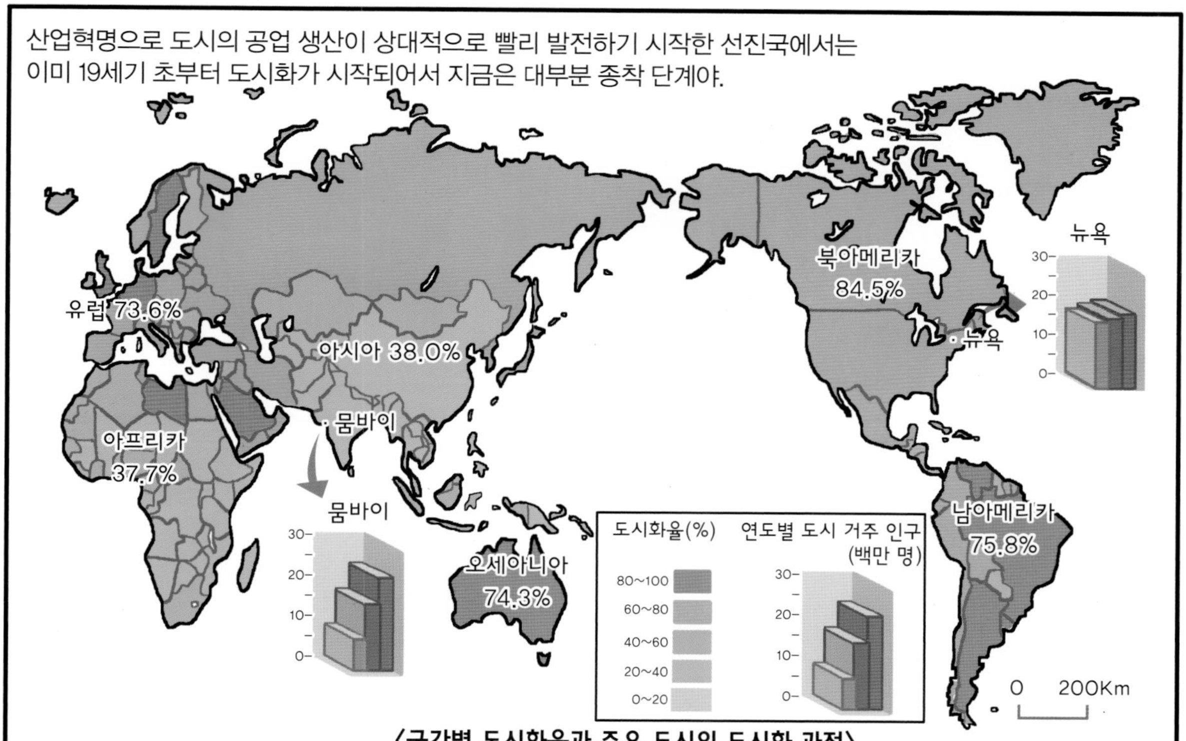

산업혁명으로 도시의 공업 생산이 상대적으로 빨리 발전하기 시작한 선진국에서는 이미 19세기 초부터 도시화가 시작되어서 지금은 대부분 종착 단계야.

유럽 73.6%
아시아 38.0%
아프리카 37.7%
오세아니아 74.3%
북아메리카 84.5%
남아메리카 75.8%
뭄바이
뉴욕

도시화율(%)
80~100
60~80
40~60
20~40
0~20

연도별 도시 거주 인구 (백만 명)
0 200Km

〈국가별 도시화율과 주요 도시의 도시화 과정〉

선진국뿐 아니라 개발도상국에서도 도시화가
가속화되면서
선진국
우리도 얼른
따라잡자!
뚝딱뚝딱
개발도상국

세계적으로 도시에 사는 사람들이 급속히 늘어나고 있지.
NEWYORKER
PARISIEN
SEOULITE

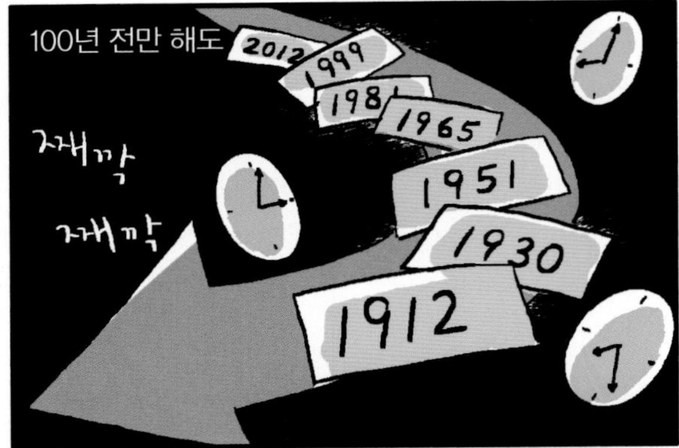
100년 전만 해도
2012
1999
1981
1965
1951
1930
1912
째깍
째깍

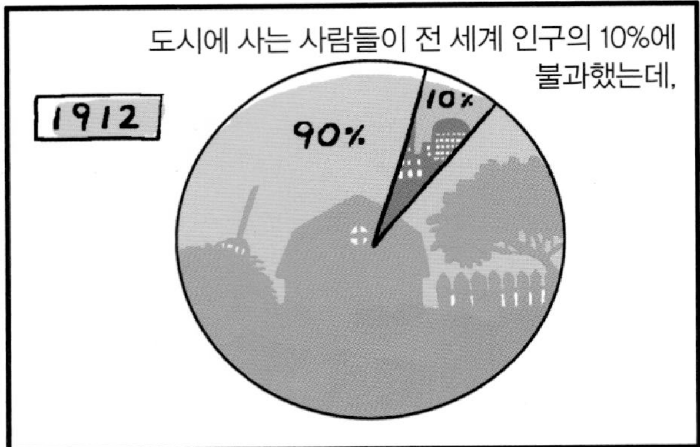
도시에 사는 사람들이 전 세계 인구의 10%에
불과했는데,
1912
90%
10%

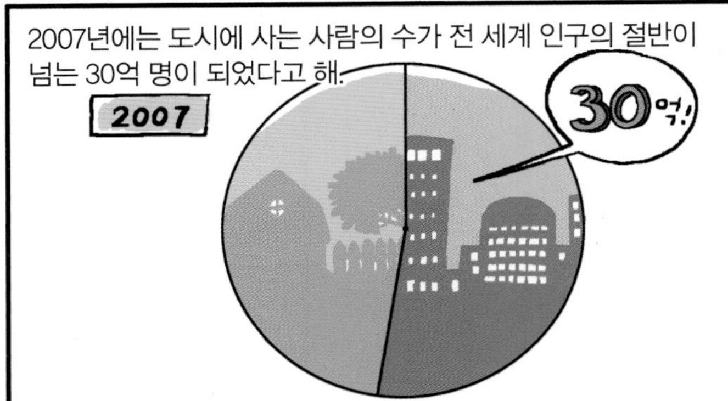
2007년에는 도시에 사는 사람의 수가 전 세계 인구의 절반이
넘는 30억 명이 되었다고 해.
2007
30억!

미국의 인류학자 니호프는
On Being a Conceptual Animal
Arthur Niehoff
On Becoming Human
Arthur Niehoff
An Anthropologist Under the Bed
Introducing Social Change
A Manual for Community Development
Second Edition
Conrad M. Arensberg
Arthur H. Niehoff

세계 인구의 대부분이 도시에서 살게 된
상황을 보고,

현대인들을 '호모 우르바누스(Homo Urbanus)',
즉 '도시형 인간'이라고 부르기도 했어.
HOMOURBANUS

오늘날 절반이 넘는 세계 사람들이 살게 된
이 도시라는 곳은 어떻게 만들어졌을까?
어디,
스마트폰으로
검색해 볼까?

도시화가 된다는
것은…….
빠르다!

도시에 사는 사람이 늘어나는 것이기도 하지만,

도시가 아니었던 지역으로 도시가
점차 확대되는 것이기도 해.
안녕?
니 구역 좀
접수할게!
…헐

맞아, 도시의 크기가
커지다 보면…….
역시 난
최첨단 도시인!

도시의 내부는 다양한 기능을 가진 지역들로 나누어지지.

백화점이나 상점이 모여 있는 곳, 사무실이나 아파트로 둘러싸인 곳, 아니면 작은 공장들이 밀집되어 있는 곳
등등이야.

그런데 비슷한 기능을 가진 지역들끼리 모이게 되는 이유는 무엇일까?
그건……

그건 '접근성'과 '지대(땅값)' 때문이야.
맞아!
나만큼 똑똑한데? 스마트폰이…

접근성이란, 어떤 장소에 얼마나 쉽게 접근할 수 있느냐는 건데,
BUS

주로 교통이 편리한 지역이 접근성이 높은 곳이 되겠지.
부웅~
BUS

따라서 접근성이 좋고, 땅값이 비싼 도시의 중심지역에는
도심으로 오세요~!
도심
돈 많은 분들만~.
와~

그걸 감당할 수 있는 전문 상점이나 대기업 본사 같은 것들이 자리하게 되는 거야.

반면에 넓은 땅이 필요하거나 비싼 땅값을 감당하기 어려운
돈을 내시오~! 더 많이!
땅 값

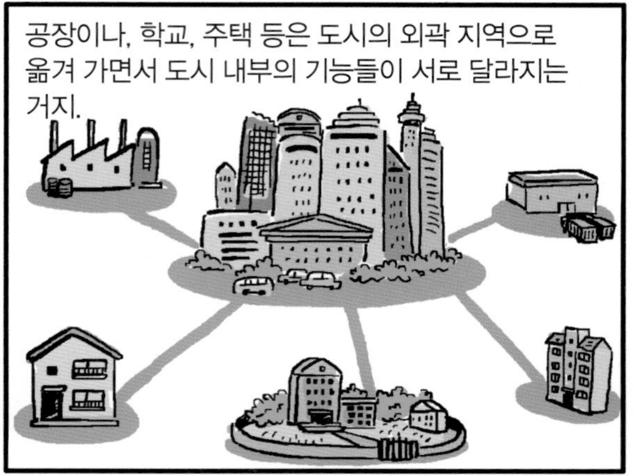
공장이나, 학교, 주택 등은 도시의 외곽 지역으로 옮겨 가면서 도시 내부의 기능들이 서로 달라지는 거지.

따라서 보통 땅값이 가장 비싼
도심 지역에는
도심

고층 건물이 밀집되고, 사람들의 주거지는
점점 줄어들게 마련이야.

그래서 낮에는 사람들로 붐비던
도심 지역이

밤에는 사람들이 거의 없어서
썰렁한 곳이 되곤 하지.

이렇게 낮에는 직장이나 쇼핑을 하는 유동인구가
많다가

밤에 모두 퇴근하고 나면 도심에 상주하는 인구가
줄어드는 현상을 '인구공동화(空洞化)'라고 하는데,
딸깍!

도심으로부터의
거리에 따라
인구밀도를
그려 보면,

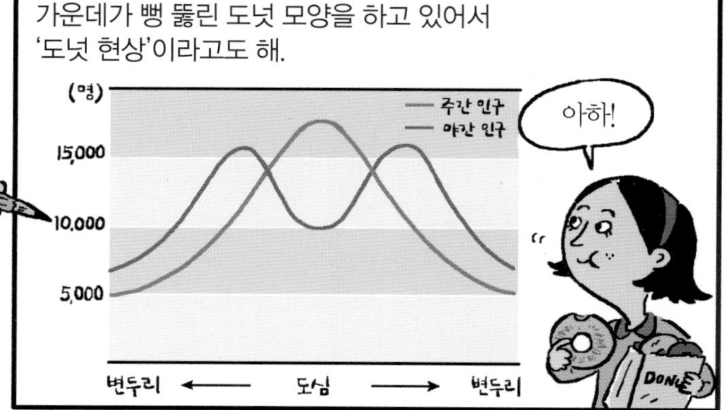
가운데가 뻥 뚫린 도넛 모양을 하고 있어서
'도넛 현상'이라고도 해.
(명)
주간 인구
야간 인구
15,000
10,000
5,000
변두리
도심
변두리
아하!

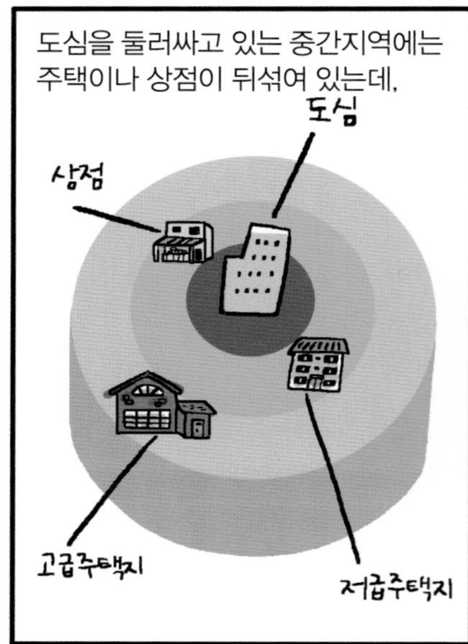
도심을 둘러싸고 있는 중간지역에는
주택이나 상점이 뒤섞여 있는데,
도심
상점
고급주택지
저급주택지

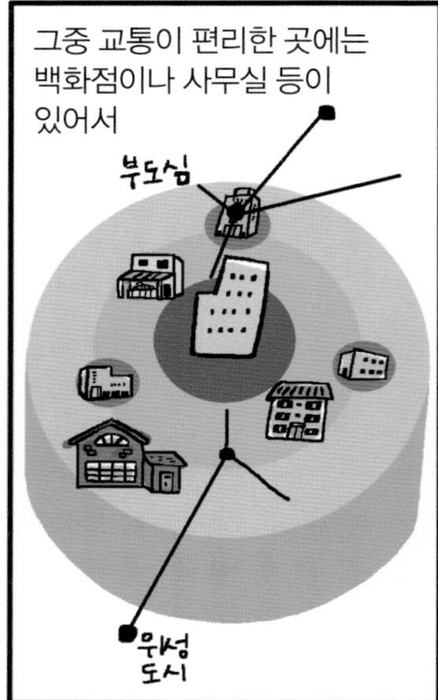
그중 교통이 편리한 곳에는
백화점이나 사무실 등이
있어서
부도심
위성
도시

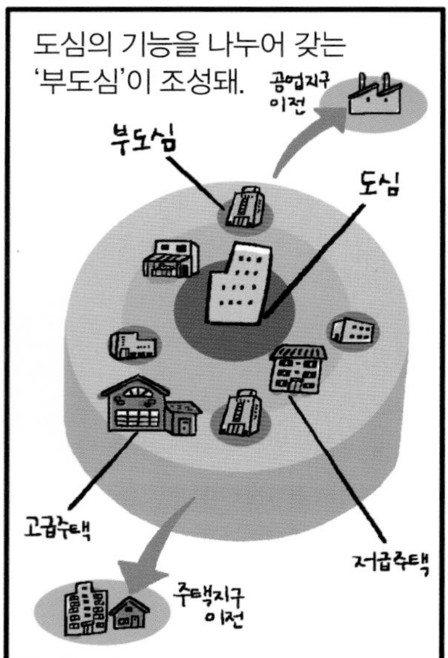
도심의 기능을 나누어 갖는
'부도심'이 조성돼.
공업지구
이전
부도심
도심
고급주택
저급주택
주택지구
이전

예전에는 농촌이었던 도시의
외곽 지역에는 도시와 농촌 경관이
섞여 있는데,

최근에는 대규모 주택단지나
쇼핑센터가 건설되면서

점점 도시적인 모습으로
바뀌고 있어.

이렇게 주택이나 상점, 공장 등이
도시의 경계를 넘어 바깥으로 확대되는
현상을 '교외화'라고 해.

한편 1970년대 후반부터 교통이 발달하고,

서울에 집중되었던 산업시설이 주변 지역으로 분산되면서,
BYE~!

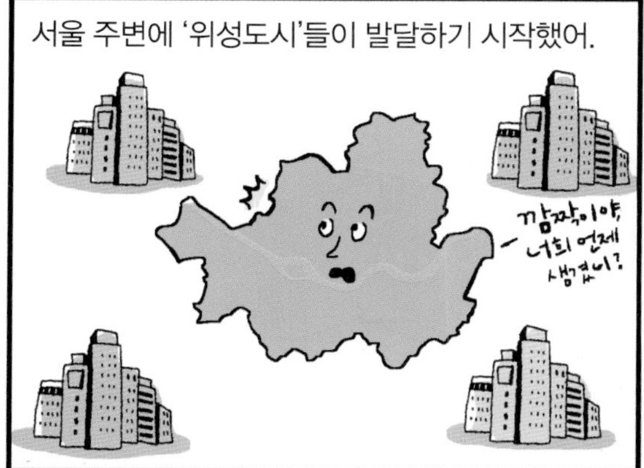
서울 주변에 '위성도시'들이 발달하기 시작했어.
깜짝이야, 너희 언제 생겼니?

위성도시는 지구와 떨어져 있지만 지구 주변을 따라 움직이는 인공위성처럼,

대도시와는 다른 행정 구역에 속하지만,
여긴 내 구역!
흥!
우리도 우리 구역 있다, 뭐!

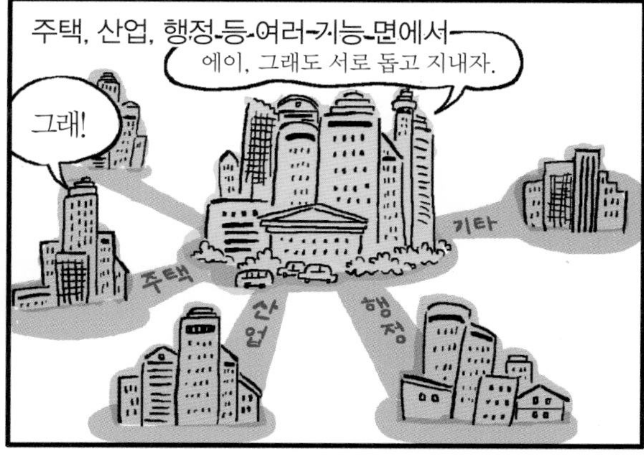
주택, 산업, 행정 등 여러 기능 면에서
에이, 그래도 서로 돕고 지내자.
그래!
주택
산업
행정
기타

대도시와 밀접한 관계를 맺는 도시를 말해.
그 도시들이 어디냐 하면……
검색의 달인…

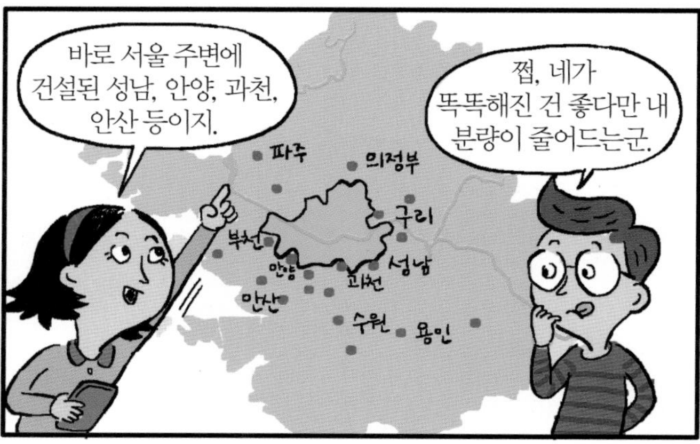
바로 서울 주변에 건설된 성남, 안양, 과천, 안산 등이지.
쩝, 네가 똑똑해진 건 좋다만 내 분량이 줄어드는군.
파주
의정부
구리
부천
안양
과천
성남
안산
수원
용인

또 서울과 같은 대도시 주변에는 서로 밀접한 관계를 갖는 여러 도시들이 집중하고,
내 언젠가 꼭 저 자리를…….
내가 1인자다!
친하게 지내염~!
호시탐탐

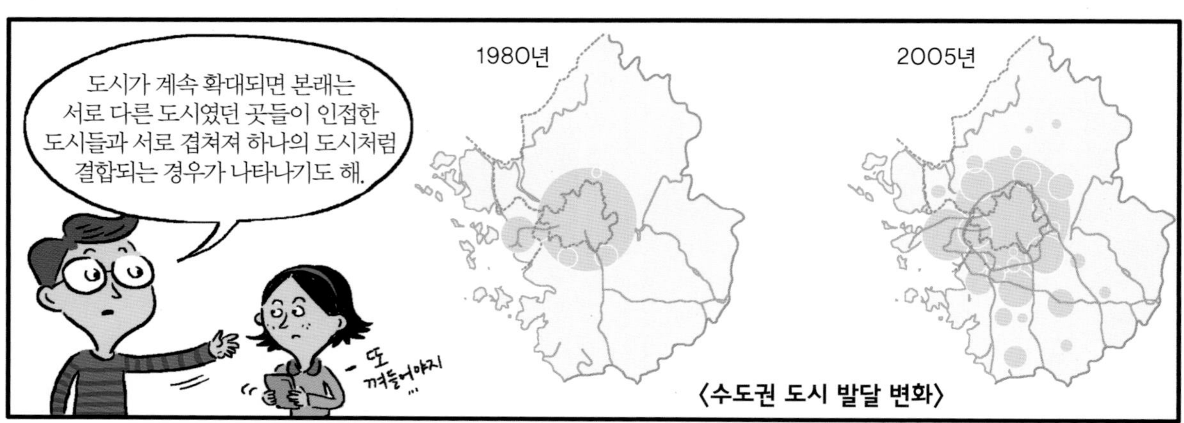

도시가 계속 확대되면 본래는 서로 다른 도시였던 곳들이 인접한 도시들과 서로 겹쳐져 하나의 도시처럼 결합되는 경우가 나타나기도 해.
1980년
2005년
또 끼어들어야지…
〈수도권 도시 발달 변화〉

이것을 '연담 도시화'라고 하는데,
연담 도시화? 검색 중……. 잠깐, 왜 인터넷이 안 되지?

대표적으로 서울을 중심으로 하는 수도권은
기준!

경기도와 인천광역시를 넘어서,
아직도 좁아. 더 가자!
인천광역시
경기도

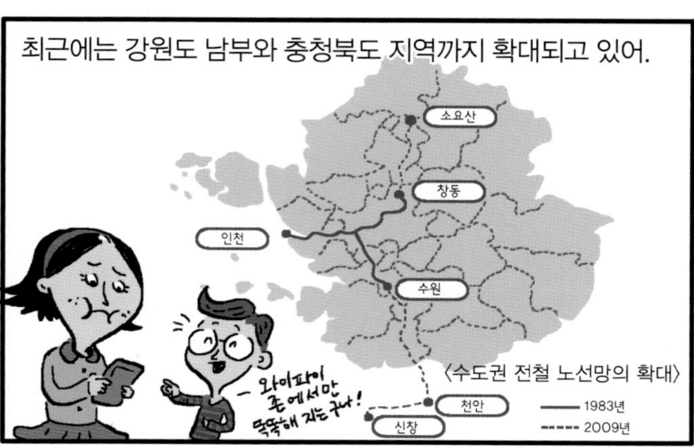

최근에는 강원도 남부와 충청북도 지역까지 확대되고 있어.
소요산
창동
인천
수원
천안
신창
와이파이 존에서만 똑똑해 지는구나!
〈수도권 전철 노선망의 확대〉
1983년
2009년

하지만 도시 내부의
모습은

일찍 도시화가 이루어진 선진국과 최근에 빠르게
도시화되고 있는 개발도상국이
서로 달라.
그래! 선진국에서는
와이파이가 더 잘
터지겠지!
선진국
개발도상국

그 이유는 선진국의 경우 오래전에 만들어진 도시 중심 지역의 혼잡함을 피해 새로운 시가지로 도심의 주민들이
이주했기 때문이야.
낡고 혼잡하고
답답해!
시끌시끌
와글와글
주거만큼은 깨끗한
교외에서!

즉 자가용을 이용해 도심으로 출근이 가능한 소득이 높은 사람들은
환경이 좋은 교외의 고급주택으로 이주하고,
김기사, 출발해~!

오래되어 낡고 비좁은 도심의 주택에는 상대적으로
저소득 주민들이 살게 된 거야.
학생, 이번 달
월세 내야지~.
알바비 나오면
드릴게요.
죄송해요.
차를 하나
뽑든지 해야지.
지하철역이
넘 멀어.
WANTED

반면에 도시화율이 높지 않은
개발도상국의 경우에는,

선진국과 같은 교육이나 문화 시설이 갖추어진
도심 지역에 상류층들이 주로 거주하고,

일자리를 찾아 농촌에서 도시로 온 사람들은
시설이 열악한 외곽 지역에 모여 살아.

특히 아디스아바바(에티오피아), 뭄바이, 상파울루,
멕시코시티와 같은 제3세계의 여러 도시들은

일자리는 거의 늘어나지 않은 채로
놀고 싶어서 노는 게 아냐.
일자리가 없다고.

내전이나 가뭄, 경기침체 등으로 농촌을 떠나
도시로 오는 사람들이 급증하면서
도시화가 이루어졌어.
못 살겠다, 도시로 가자.
경기 침체
내전
가뭄

따라서 실업자이거나 저임금 노동으로 생활하는 빈민층 사람들의 경우에는 변두리의 판자촌에서 힘겹게 생활하지.
엄마, 배고파.
미안하다, 아빠가 아직 일을 못 구해서…….
아빤 왜 일을 안 해요?
…

따라서 도시화가 무조건 좋은 것만은 아니야.
그래! 와이파이도 안 되는데 도시화가 무슨 소용?

도시는 사람들에게 다양한 기회와 볼거리를 제공해 주기도 하지만,
난 관광하러 왔어. 넌?
난 워킹홀리데이~!

동시에 환경오염, 혼잡한 도로, 빈곤 등과 같은 여러 문제를 만들지.
콜록~
빵
빵

도시문제 대책위원회
그리하여 도시 문제에 대한 이러한 해결책을 제시하는 바…… 응?
우르르르…
또 이런 문제들을 해결할 시간도 없이

도시로 가자!
우르르르
꽥!
지나치게 많은 사람들이 도시로 집중하게 되면,

주택, 교통, 환경, 범죄 등의 문제들로 인해 살기 어려운 곳이 되기도 해.
납치사건 용의자 검거
저 많은 집들 중 우리 집은 어디?

여러 가지 도시 문제를 해결하기 위해서,
도시문제 대책
끙

오늘날 여러 가지 정책들이 실시되고 있어.
도시 문제 대책
한번 살펴볼까요?

무엇보다 대도시가
무분별하게 확대되지
않도록
개발제한

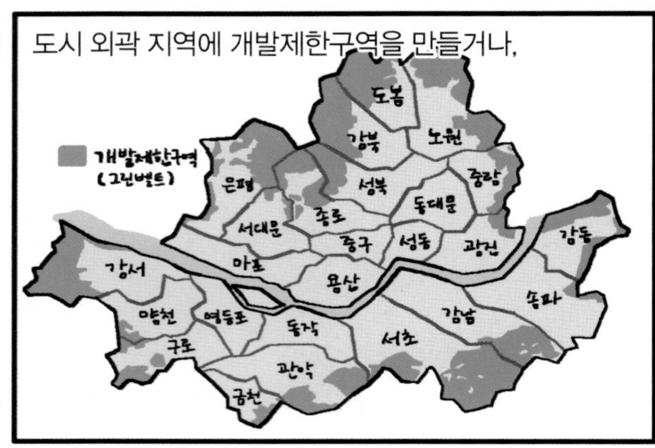
도시 외곽 지역에 개발제한구역을 만들거나,
개발제한구역
(그린벨트)
도봉
강북
노원
은평
성북
중랑
종로
동대문
서대문
중구
성동
광진
강동
강서
마포
용산
양천
영등포
동작
강남
송파
서초
구로
관악
금천

대도시의 인구와 기능들을 지방 도시들이 분담하도록 하는 정책들이
그 예야.
혼자 다 하긴 너무 힘들어.
우리가
도와줄게!

그렇지만 여전히 많은 도시들은
흥, 혼자 신났네!

푸른 숲이나 깨끗한 공기들을 찾기 어렵고,

출퇴근 시간에는 꽉 막힌 주차장처럼 변하기도 해.
빵
빵빵

미래의 도시들은 이러한
문제들을 해결할 수 있을까?

사람들을 행복하게 하고, 살고 싶게 만드는 도시를
그려볼 수 있을까?
어때?
깨끗한 환경
무해가스 자동차
모두가 집이 있고 일을 하는 사회
와~
짝짝짝

무엇보다 미래의 도시는
스마트폰 없어도 똑똑하네~.

매연과 교통 체증, 고층 빌딩으로만 가득 찬 곳이 아니라,

푸른 숲과 깨끗한 공기를 누릴 수 있는 곳이었으면 좋겠지.

또 하루가 다르게 발전하고 있는 정보통신기술의 도움으로,
하지만 너무 기술에 의존하면 안 되겠지?
그래, 잘났다

장애인이나 사회적 약자들도 함께하는 도시가 되었으면 해.

그리고 도시에 사는 사람들이

다양한 꿈과 흥미를 펼치고 나눌 수 있는 행복한 도시야말로 세계의 절반,
아니 그 이상의 사람들이 꿈꾸는 미래의 도시일 거야.

더불어 사는 도시가 되려면?

영화 〈슬럼독 밀리어네어〉 속의 인도 빈민촌의 모습

『난장이가 쏘아올린 작은 공』이라는 소설을 읽어 보았나요? 이 소설은 장애를 가진 아버지와 가족들이 하루하루 힘겹게 살아가는 낙원구 행복동에 재개발 사업이 시작되고 주인공의 집이 철거될 위기에 놓이면서 벌어지는 이야기를 다루고 있어요. 아마도 소설 속에 등장하는 도시재개발, 철거민 등의 단어가 많이 낯설 거예요.

도시에서 오래되어 낡거나 상태가 열악한 지역들을 부수고 새로 건설하는 것을 도시재개발이라고 하고, 재개발 과정에서 본래의 지역에서 살 수 없게 된 사람들을 철거민이라고 불러요. 도시재개발은 주로 위험할 정도로 낡은 판잣집 등이 모여 있는 도시의 빈민가를 철거하고 새로 건물을 짓는 방식으로 이루어져요. 산업혁명 이후 전 세계 도시 인구가 폭발적으로 증가하면서 가난한 사람들은 슬럼(slum)이라 불리는 도시 내부의 빈민촌에 주로 거주하게 되었어요. 특히 아프리카와 아시아 등 개발도상국에서는 최근 도시 인구가 급증하면서 상당수 주민들이 지붕이나 벽도 제대로 마련되지 않은 집에서 살고 있어요. 오늘날 세계에는 10억 명의 사람들이 슬럼에 살고, 아프리카의 에티오피아와 차드 같은 곳은 도시 인구의 99%가 빈민촌에 살고 있다고 해요.

그런데 『난장이가 쏘아올린 작은 공』에 나오는 주인공의 집처럼 수도나 화장실도 제대로 갖추어지지 않은 흙집, 쪽방, 옥탑방을 깨끗하고 넓은 새 아파트로 재개발하는 것에 반대하는 사람들이 있을까요? 텔레비전이나 신문에서 재개발에 반대하며 시위하는 철거민들의 소식을 한 번쯤 들어보았다면 그런 의문을 갖게 되었을지도 몰라요.

도시재개발에 반대하는 사람들은 빈민촌을 철거하고 그곳에 고급 단독주택이나 고층아파트를 새로 지을 경우, 원래 그 지역에 살던 가난한 사람들이 더 이상

그곳에서 살 수 없다는 점을 비판해요. 멋지고 비싼 새로운 주택에 살 수 없는 가난한 사람들이 떠난 자리에 다른 곳에서 온 부유한 사람들이 채워지고, 빈민촌에서 오랫동안 장사를 하거나 함께 살아온 주민들은 더 값싼 외곽지역으로 밀려나게 된다는 것이지요. 미국의 경우를 살펴보면 1950년대 도시재개발이 많이 이루어졌는데, 원래 빈민촌에 살고 있던 흑인들은 다른 곳으로 밀려가고 중산층 백인들이 그곳으로 들어와 살게 되면서, 도시재개발 때문에 곧 가난한 흑인과 부유한 백인들이 함께 살지 못하게 되었다는 비판을 받기도 했어요.

도시재개발의 또 다른 문제는 도시를 깨끗하게 만든다는 명목으로 오래된 건물들을 마구잡이로 철거해 버린다는 것이에요. 대표적으로 2008년 베이징올림픽을 준비하면서 중국 베이징의 도심지역에는 수백 년이나 된 전통 주택들의 상당수가 철거되고 그곳에 고층아파트 등이 지어지기도 했어요. 오래된 건물들이 최신식의 고층건물로 탈바꿈하는 모습을 보며 깨끗하고 편리해졌다고 좋아하는 사람들도 있지만, 도시의 오랜 역사와 그곳에서 생활하던 사람들의 소중한 기억들이 눈 깜짝할 사이에 사라져 버렸다는 사실에 안타까워하는 사람들도 많아요.

결국 도시재개발과 그로 인해 발생하는 문제들은 도시라는 공간이 누구를 위한 곳이 되어야 하는지를 묻고 있어요. 즉, 부유한 사람들과 가난한 사람들, 과거의 기억과 현재의 편리함이 더불어 '함께' 숨 쉬는 곳이 되기 위해서는 어떻게 해야 하는 지 말이에요. 아마도 그런 도시야말로 우리가 꿈꾸는 도시임이 분명할 테니까요.

빈민촌에 살고 있는 세계 인구.

8장 여러 지역의 문화가 만들어 내는 모자이크의 세계

사실 문화라는 말은 시대에 따라, 나라마다 다양한 의미로 사용되어 왔어.
twitter
facebook

서양에서 문화(culture)라는 말은 '배양하다' 혹은 '경작하다'는 의미를 갖고 있었어.
CULTURE

농사를 짓는다는 말이 왜 문화라는 말로 발전했을까?
내가 알 거라고 생각해서 물어보는 거니?

농사를 짓는 일은 사냥을 하거나 채집을 하는 것과는 달리,
멧돼지다!
쩝, 실패.

인간이 자연을 모습을 바꾸는 행위야.

그래서 문화라는 말의 본래 뜻에는
인간이 자연환경을 바꾸는 모든 행위가 포함되었어.
CULTURE

시간이 지나면서 지식이나 종교,
예술과 도덕 등

한 사회가 가지고 있는 생활양식과
가치체계를 포괄하는 넓은 의미로 발전됐지.
위이이잉~
문화

문화의 어원에서도 알 수 있듯이,
URE

세계 각 지역은 다양한 자연환경에 적응하는
과정에서
여기가 우리 땅이야.
잘 살아 보자.

고유한 생활양식을 발전시켜 왔고,
쑥쑥
자라거라!
생활양식

그것이 곧 다양한 문화를 이뤘어.
문화

비슷한 특성들로 다른 곳과 구별되는 곳을
'지역'이라고 했었지?
안녕! 난 A의 지역성!
난 B의 지역성이야!
A
B

이처럼 다른 곳과 구별되는 특성 중 가장 대표적인 것이
문화야.
B
나의 지역성을
대표하는 문화야!

세계는 사용하는 언어가
비슷하거나,
HELLO?
ALO?

같은 종교를 믿거나,
알라신을
믿습니다!

주식이 무엇인지에 따라 비슷한
문화를 가진 지역들로 나눌 수
있어.

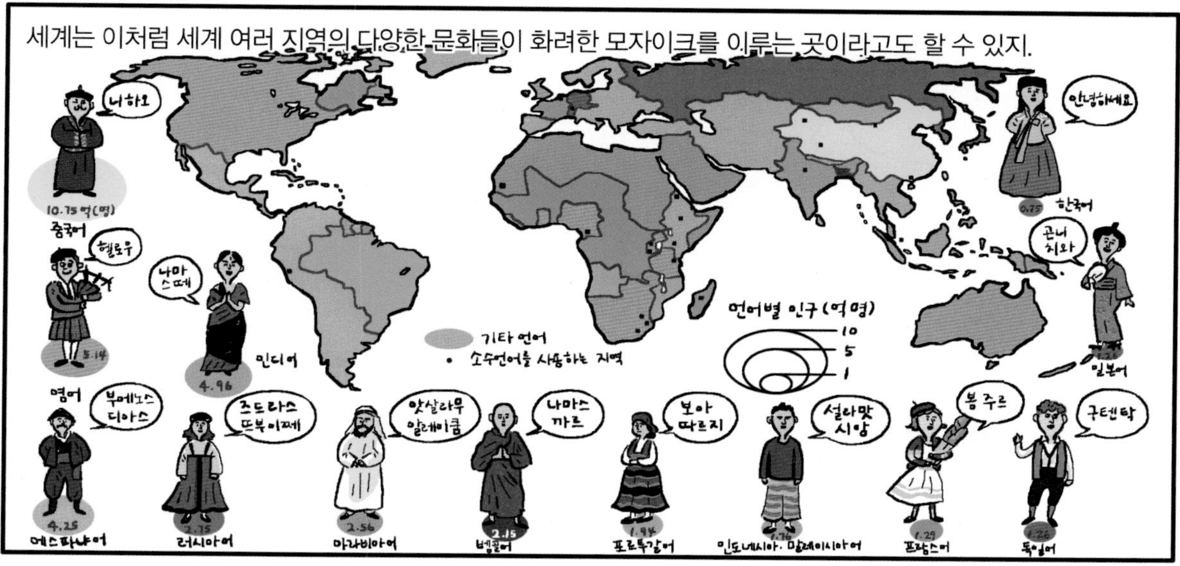
세계는 이처럼 세계 여러 지역의 다양한 문화들이 화려한 모자이크를 이루는 곳이라고도 할 수 있지.
니하오
10.75억(명)
중국어
헬로우
5.14
영어
나마스떼
4.96
힌디어
안녕하세요
0.75
한국어
곤니치와
일본어
기타 언어
• 소수언어를 사용하는 지역
언어별 인구(억명)
10
5
1
부에노스 디아스
4.25
에스파냐어
즈드라스뜨부이쩨
2.75
러시아어
앗살라무 알레이쿰
2.56
아라비아어
나마스까르
2.15
벵골어
보아 따르지
1.94
포르투갈어
설라맛 시앙
1.76
인도네시아·말레이시아어
봉 주르
1.29
프랑스어
구텐탁
1.26
독일어

세계 각 지역의 다양한 문화들이 서로 다른 모습을 만들어
내는 것을 '문화경관'이라고 해.

의식주를 해결하기 위해서는 주위의 자연환경에서
구할 수 있는 재료를
이용해야 하는데,
최신 유행
멧돼지 가죽 치마
멧돼지 바비큐
뭘 봐?

지역마다 자연환경이 다르고
구할 수 있는 재료들도 달라지기 때문에.

안녕
HELLO
서로 다른 문화경관이
나타나게 되는 거야.
你好

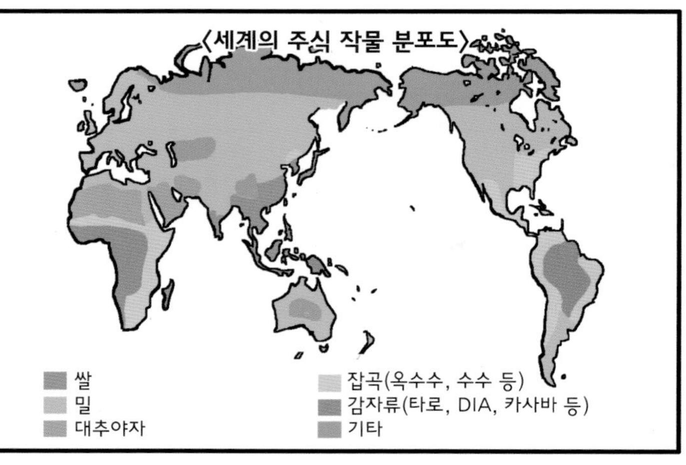

난 : 밀반죽을 둥그렇게 빚어 화덕에 구운 것.

문화의 차이는 지역마다 서로 다른 의복을 통해서도 확인할 수 있어.
역시 한복은 아름다워.
휴~, 배불러. 똥배 가리는 데도 효과적이고.

추운 곳에 사는 사람들은

동물의 털과 가죽으로 만든 두꺼운 옷으로 추위를 막지만,
어휴~, 추워!
나도.

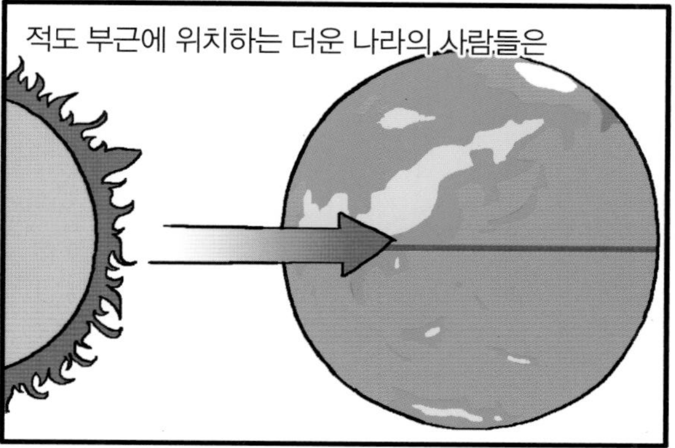
적도 부근에 위치하는 더운 나라의 사람들은

주변에서 구하기 쉬운 야자나무 잎 등으로 몸의 일부분만을 가리면 되지.
으~, 더워!
너무 습해.

사막처럼 덥고 건조한 지역에 사는 사람들은

강렬한 태양빛과 모래바람으로부터 온몸을 보호하기 위해 넉넉한 천으로 감싸는 옷을 입어.
정말 뜨겁다!

집을 짓는 재료도 자연환경의
영향을 많이 받아.

교통수단이 발달하지 않았던 과거의 사람들은
주변에서 쉽게 구할 수 있는 재료로 집을
지었기 때문이야.
탕
쿵
탕
쿵

먼저 벼농사를 짓던 우리나라의 전통가옥들은
주로 지붕을 볏짚으로 만든 경우가 많았지만,

강원도 산간 지역에는 200년 된 붉은 소나무를
기와처럼 잘라 지붕을 만든 너와집을 짓기도 했어.

덥고 습한 열대 지역에 사는 사람들은

주변에서 쉽게 구할 수 있는 대나무나
나뭇잎으로 집을 지었어.

비가 많이 오는 것에 대비해 지붕을 뾰족하게 하고, 습기와 해충이 올라오는 것을 막기 위해
바닥을 높게 만들었지.
쏴아아아
앗, 따거!

집을 지을
나무가 자라지 않는
고산 지대에서는

풍부한 돌로 집을 지었지.

돌을 구하기 어려운 건조 지역에서는 점토 같은
흙을 개어 집을 짓고 말야.

중국의 서북부에는
황토로 이루어진 높은
고원이 있는데,

그 지역 사람들은 황토 절벽에 굴을 파거나 바닥에 구덩이를
파서 집을 지었어.

단단한 바위가 아니기 때문에 사람의
손으로도 쉽게 만들 수 있어서
콩콩콩 ~

방이 부족할 때면 계속
연결해서 더 만들 수도
있었다고 해.
뚝딱
뚝딱!
야! 방 좀
그만 만들어!

또 유목민들은 쉽게 얻을 수 있는 동물의 가죽이나
모피로 만든 천막 형태의
집을 지었어.

알래스카의 에스키모인들은 겨울에는 이글루라는 얼음집에서 생활하다가
안쪽은 제법 따뜻해요!

여름철에는 천막집(투픽)을 짓고 사냥이나 유목을 했지.
여보, 고기 먹고 싶어요. 좀 잡아와요.
쩝.

서로 다른 문화가 만들어 내는 세계의 다양한 모습이

의식주하고만 관련된 것은 아니야.
뭐가 또 있어?

문화를 구분하는 가장 중요한 기준 중 하나는 종교야.

사람들은 종교적 건축물들을 세우고,

자신들의 믿음과 관련한 다양한 상징과 행동 방식을 만들어 내는데, 이것이야말로 대표적인 문화경관이지.
가톨릭
그리스도정교
개신교
수니파 이슬람
시아파 이슬람
기타 이슬람
힌두교
유대교
소승불교
대승불교
티베트불교
가연숭배신앙
기타

먼저 동남아시아와 중국, 한국, 일본 등에는 불교를 믿는 사람들이 많아.
관세음보살.

이들 지역에서는 사원이나 탑, 불상 등을 볼 수 있고,

예불을 드리거나 스님들에게 공양하는 등 불교가 생활의 일부야.

특히 티베트 불교를 믿는 지역에서는

길 위에서 몇 개월씩 온몸으로 절을 하며(오체투지) 이동하는 사람들도 볼 수 있어.

인도에는 힌두교를 믿는 사람들이 많은데,

힌두교도들이 성스러운 강으로 믿는 갠지스 강에서 몸을 씻는 모습이나

죽은 사람을 화장해 강물에 뿌리는 모습을 많이 볼 수 있단다.

난 시바.
난 가네샤.
난 브라흐마.
또한 힌두교는 여러 신을 믿기 때문에

다양한 신의 모습을 그린 조각상들이 가득한
사원들이 곳곳에 있어.

가톨릭교, 그리스정교, 신교로 나뉘는 크리스트교는

오늘날 유럽을 비롯해 세계에서 가장 많은 사람들이
믿는 종교야.
크리스트교 국가

크리스트교에서 성당이나 교회는
예식을 올리는 곳일
뿐 아니라,
그리스도의
이름으로 비나이다,
아멘~.

결혼이나 장례식이 이뤄지는 등 매우 중요한 장소지.

특히 가톨릭교의 본산인
로마의 바티칸에는

미켈란젤로와 같은 위대한 미술가들의 작품이 가득한
성 베드로 대성당이 있어서 전 세계의 많은 사람들이 찾는
곳이야.
세계에서 가장 작은
국가이기도 하지.
정말?!

마지막으로, 서남아시아와
북부아프리카의 이슬람교를
믿는 지역에서는

돔 모양의 지붕과 첨탑을 가진 모스크를
곳곳에서 볼 수 있어.

이슬람교도들은 하루 다섯 번의 예배를 하고,

라마단 기간에는 단식을 하는 등 쿠란에 따라 엄격한
생활을 하지.
꿀꺽
꼬르르르륵

특히 이슬람교의 성지인
메카를 순례하는 일은 이들에게
매우 중요한 일이야.
와~, 사람들 좀 봐!

그런데 문화는 만들어진 그곳에 고정되어 있는 것이 아니라 다른 곳으로 끊임없이 전파되는 특성이 있어.
문화
가서
나의 우수함을
널리 알리거라!
넵!
야호!

다른 지역으로 문화가 전달되는 방법에는
문화

먼저 서로 다른 부족들이 교역을 하거나,
단골이니까 좀 더 넣어 줘.
정량제라 해!
칫

결혼을 하는 경우가 있어.
딴 따단따 다~♪

대표적으로 7세기 중국 당나라의 문성공주는
티베트 왕과 결혼하려면…….
10일안에 남자 꼬시기
외국인과 결혼하기
티베트 학 개론

당시 강력한 힘을 가지고 있던 티베트의 왕과 결혼하기 위해
공주님, 티베트 왕이 차를 좋아한다는 소문을 입수했습니다.
고~뤠?
외국인과 결혼하기

티베트로 가면서 선물로 차를 가져갔다고 해.
이렇게 귀한 차를! 당장 결혼식을 준비하라!
넵!

고산 지대라서 곡식과 채소가 자라지 않는 티베트에서

사람들은 비타민이 절대적으로 부족한 식생활을 하고 있었기 때문에,
나날이 피부도 푸석해지고…….
만성 피로까지…….

차가 전파되자마자 이곳 사람들에게 없어서는 안 될 필수품이 되었지.
오 마이 갓! 이게 무슨 음식이지?
갑자기 머리가 맑아지는 기분이야!

쿠스코의 대성당: 잉카시대 신전 자리에 세워진 가톨릭 성당. 잉카인들의 신전 초석이 그대로 남아 있고, 성당 안에는 검은 예수상이 있다. 라틴 문화와 잉카 문화가 혼합된 독특한 경관이다.

〈라틴아메리카의 언어 분포〉

문화의 확산은 이처럼 외부에서 들어온 문화가 기존의 것을 대체하는 경우도 있지만,
NEW
야, 비켜!
굴러들어온 돌, 아니 문화가……
뻥
OLD

기존의 문화와 새로운 문화가 결합되어 새로운 문화를 만들어 내기도 해.
손잡고 새 모습으로 출발하자.
그래!
NEW
OLD

우리나라에 처음 가톨릭교가 전파되었을 때 만들어진 안성의 구포동 성당은

전형적인 서양교회의 건축 형태를 가지고 있지만,

우리나라의 전통건축에 사용되는 기와를 올린 독특한 형태를 보여주고 있어.

또 유네스코 세계문화유산에 등재된 스페인 코르도바의 메스키타 사원도 있지.
와!

'메스키타'라는 말은 '모스크'를 의미하는데,
메스키타 = 모스크
이슬람교의 사원

원래는 이슬람 사원이었다가 스페인의 왕들이 코르도바를 점령한 후,
리모델링을 실시한다!

사원의 일부를 허물고 그 위에 르네상스 양식의 예배당을 건축해서,
옳지! 거기는 요즘 유행하는 르네상스 스타일로…….
Renaissance Architecture
뚝딱뚝딱

이슬람 사원의 토대 위에 가톨릭 성당이 있는 특이한 형태가 되었어.

현대 사회에서는 문화의 확산과 전파가 훨씬 더 많이 이루어지고 있어.

교통과 통신의 발달로,
안녕, Tom? 오늘 점심은 뭐 먹었니?

사람들은 다른 지역의 새로운 문화를 거의 동시에 알 수 있지.
Tom : 방금 막도날두에서 햄버거 사왔지롱~.
twitter

이민이나 취업 등의 이유로 다른 나라로 이주하는 사람들이 많아지면서,
난 이민!
취업하러 가요~.

다양한 민족의 문화를 세계 곳곳에서 찾을 수 있게 되었지.
WE ARE THE WORLD!

전 세계 어느 곳의 차이나타운에 가더라도
우리 사람 어느 곳에나 다 있다 해!

붉은색 등이 걸려 있는 모습을 볼 수 있고,
正宗
北京莊

김치를 먹고 싶을 땐 가까운 코리아타운을 찾으면 되지.
불고기, 떡볶이, 냉면, 다 먹고 싶다…….
KOREA TOWN

서울에서도 중국, 몽골, 프랑스, 네팔, 러시아 등에서 온 사람들이 모여 사는 지역들이 있는데,
여기가 동대문 몽골타운이구나!
지하상가
INFORMATION

그곳에서 사람들은 자신들의 고향에서 먹던 음식을 먹고, 고향 말을 할 수 있지.
나 이태원 살아요!

세계 여러 지역의 다양한 문화를 즐길 수 있는 것은 바로 축제야.
뿌우
탕 탕

고대부터 세계 여러 지역의 사람들은 다양한 축제를 즐겨왔단다.

우리 조상들이 농사를 짓기 전이나 수확을 한 뒤 벌이던 잔치가 바로 축제라고 할 수 있어.
추수 끝나고 한 잔 콜?
좋지! 수육에 막걸리 한 잔~!
캬!

서양의 대표적 축제인 '카니발'은
CARNIVAL!

원래 유럽의 가톨릭 국가들에서
이제 거룩한 사순주간이 시작됩니다.
그 전에 …….

술과 고기를 먹지 않는 사순절 전야에 벌이던 축제에서 시작되었다고 해.
마구 먹고 마시자!
예~!

지금도 이탈리아의 베네치아 카니발에서는

운하 사이로 곤돌라 경주와 가면축제가 벌어지고,

프랑스의 니스 카니발에서는 꽃마차 경연대회, 가장행렬 등 화려한 볼거리가 등장하지.

그리고
브라질의
리우데자네이루에서
열리는 리우
카니발에는
리우데자네이루
삼바~♪

삼바 춤을 추는 무용수들의
퍼레이드를 보기 위해

40만 명이 넘는 관광객들이
찾아온다고 해.

카니발처럼 종교적인 의미에서 출발한 축제도 있지만,

독특한 자연환경이 축제의
배경이 된 곳도 있어.
어딘데? 가보자! 가보자!

대표적으로 일본 삿포로에서는
삿포로
추운 건 싫은데…

얼음과 눈으로 만든 조각들이 전시되는
눈 축제를 열고,
욘사마데스!
ほほえみの貴公子
きたきつね
ヨン!

초원에서 양과 말을 키우던 유목민족의 후손인
몽골에서는
메에
귀여워~ ♥

경마, 활쏘기, 씨름처럼 유목민의 생활과 관련된
나담 축제가 열리지.

수질이 좋지 않은 독일에서는 맥주를 즐겨 마시는데,
맥주는 역시 독일이야!
독일 호프
소시지
독일 감자전
치킨
호프 500
PROST! (건배)

뮌헨의 옥토버 페스트는 매년 600여만 명이 모이는 거대한 축제가 되었어.
마시자!
아오, 신나~!!
OBERFEST

우리나라 보령 해안의 간석지에서 생산되는 머드를 주제로 한 보령 머드축제는
머드가 피부에 좋은 건 다들 알지?
살 좀 빼.

자연환경을 이용한 축제의 대표적 사례지.
근데 진흙에서 이상한 냄새가 나네?
킁 킁
바보! 그건 개똥이잖아!

문화예술을 중심으로 한 축제들도 있어.
난 문화예술은 약한데……
한참 신났었는데…

음악의 도시, 오스트리아 잘츠부르크에서는

오페라와 음악 연주회, 연극 및 발레 공연을 중심으로 한 잘츠부르크 음악축제가 열리지.

춘천에서는 마임축제 기간이 되면 시민이 참여하는 즐거운 축제가 벌어지곤 해.
난해하다.

그런데 이처럼
다양한 축제들이
와ㅡ
와

제대로 성공하려면
무엇이 필요할까?
우르르

축제는 단순히 경제적 성장을 이루는 것뿐 아니라,
와~! 사람이 저렇게
많이 모이면 돈 좀
되겠는데?
아니아니
아니되오~!
KOREA

축제를 준비하고 진행하는 과정에서 지역
주민들 간의 협동과

공동체 의식을 높일 수 있다는 긍정적 측면이
있어.
왕따 없는 세상!
살 맛
나는 세상!
촛불문화제

지역 주민과 관광객들이 함께 어우러지는 축제야말로

세계 여러 지역의 다양한 문화가 만들어 내는 모자이크를
이해하는

가장 즐거운 도구가 될 거야.

욘사마 팬들이 남이섬을 찾은 까닭은?

아름다운 남이섬 숲길.

한국을 방문하는 해외 관광객들이 즐겨 찾는 관광지 중에 춘천의 남이섬이 있어요. 원래 남이장군의 묘가 있어서 '남이섬'이라고 불린 작은 섬이었지만, 지금은 2009년에 한 해에만 200만 명의 관광객(외국인 25만 명)이 찾을 정도로 유명한 관광지가 되었어요. 남이섬에 가보면 대만과 일본, 중국 등지에서 온 관광객들이 몇몇 장소에 붙어있는 팻말과 사진 앞에서 사진을 찍는 모습을 쉽게 볼 수 있는데, 그 이유는 바로 이곳이 2002년 드라마 〈겨울연가〉의 촬영지였기 때문이에요. 일본에서 '욘사마'라고 불릴 정도로 인기를 얻고 있다는 주인공 배용준이 앉았던 벤치와 자전거를 타던 숲길에서 열심히 포즈를 취하고 있는 사람들의 즐거운 얼굴을 보면 마치 자신들이 드라마 속에 들어가 있는 것처럼 보이기도 해요.

사람들은 모두 자신만이 경험한 특별한 장소가 있고 그러한 장소들은 남들과는 다르게 나에게만은 매우 중요한 곳이 되는 거죠. 여러분들도 아마 다른 사람들에게는 평범한 곳에 불과하지만, 스스로에게는 특별한 장소 한두 곳 쯤은 가지고 있을 거예요. 예를 들면, 어린 시절 뛰어놀던 놀이터라거나, 친구와 비밀이야기를 나누던 학교 운동장, 아니면 가족들과 함께 한 즐거운 산책길들도 그런 장소가 될 수 있죠.

그런데 현대에 살고 있는 우리들은 자신이 직접 경험한 것이 아니라고 하더라도, 문학작품이나 그림, 영화, 드라마, 광고, 음악에 이르기까지 다양한 종류의 미디어를 통해 어떠한 장소를 접하고 그곳에 대한 이미지를 갖게 되는 일이 점점 더 많아지고 있어요. 이러한 이미지들은 우리가 한 번도 가본 적 없는 장소나 지역에 대한 우리의 인식을 결정하고, 이후에 관광을 하거나 사는 곳을 결정하는 데에 영향을

미치기도 해요. 드라마나 영화의 무대가 된 장소에 직접 가보고 싶다거나 그곳에 살고 싶다는 마음을 갖게 되는 것처럼 말이에요. 일례로 고흐의 그림 〈밤의 까페〉의 실제 배경인 프랑스 아를 지방이 관광명소가 되고, 비틀즈의 앨범 재킷이 촬영되었던 런던의 한 건널목은 영국의 문화유산으로 지정되었을 정도로 미디어는 상당히 큰 힘을 발휘하고 있어요.

이렇게 미디어를 통해 사람들의 장소에 대한 이미지가 달라지기도 하지만, 다른 한편으로 표어나 상징물 등을 통해 새로운 이미지를 만들어 내거나, 심지어는 이미지에 맞추어 실제 지역을 만들어 내는 일도 많아지고 있어요. 파리의 상징물이 된 에펠탑이나 미국 뉴욕을 알린 "I♡NY"이라는 표어는 두 도시가 세계적 관광도시가 되는 데 중요한 역할을 했죠. 우리나라에서도 지역의 특산물을 홍보하는 축제나 이벤트를 벌이거나, 『홍길동』이나 『춘향전』 같은 소설을 재현한 테마파크를 만드는 등 미디어를 활용하여 지역의 이미지를 바꾸려는 여러 가지 노력들을 하고 있어요.

물론 이렇게 만들어진 장소 이미지들은 실제 지역과 매우 다르거나, 지역이 가지고 있는 다양한 측면 중에 한두 가지만을 골라 정형화한다는 문제점이 있어요. 일례로 미라보 다리 아래 세느강의 낭만을 기대하고 프랑스 파리를 찾은 일본인 관광객들이 실제 지저분한 거리와 불친절한 사람들의 모습에 놀라 정신적 충격으로 괴로워하는 현상을 가리켜 '파리 신드롬'이라고 부르기도 했답니다.

우리나라의 여러 지역을 배경으로 한 드라마나 영화의 인기가 높아지면서, 우리나라를 찾는 해외관광객들도 점점 많아지고 있는 요즘, 그들이 '남이섬 신드롬', '서울 신드롬'을 겪지 않았으면 좋겠네요.

고흐의 그림 〈밤의 카페〉.

9장 세계화에 대처하는 우리의 자세

어젯밤 뉴스에서 본 미국의 주식 가격 하락이 다음날 아침 우리나라 주식 폭락의 원인이라는 뉴스를 볼 때?
안 돼!
코스닥
?

실제로 필통 안의 필기구만 봐도 다른 나라에서 만들어진 것이 훨씬 더 많을지도 몰라.
안녕? 난 미국에서 왔어.
난 일본!
난 중국!
난 베트남!

오늘날 세계인들은 서로를 훨씬 가깝게 느끼게 되었지.
안녕?
H…… Hi!

상품이나 자본, 서비스, 노동력 등을 다른 나라에 의존하는 경우가 많아지면서
일본에서 지진이 났대.
으아!
뭐, 우리하곤 상관없겠지.

그 나라들에서 금융위기나 지진과 같은 큰 문제가 발생하면 우리나라도 금세 영향을 받기 때문이야.
아빠, 이게 뭐야?
쏴아~

이렇게 세계가 한 마을처럼 가까워지는 '세계화'라는 말은
딩동 딩동~
누구세요?

경제적, 문화적, 정치적으로 다양한 의미를 갖고 있어.
혹시 오토바이 잃어버리지 않으셨나요?
앗! 지난 지진 때 잃어버렸던 내 오토바이가!
아리가또! 아니, 땡큐!

경제적 측면에서는 전 세계가 하나의 시장이 돼가는 것을 말해.
야, 배고프지 않냐?
이 근처에 식당이 있다고 했는데.
지구 가이드
꼬르르르륵…

교통과 통신의 발달로 국가 간 교류가 활발해지면서 이러한 경향이 점점 강화되고 있지.
뭐 먹지?
글쎄.
치이이이
HONG KONG
베트남 쌀국수
인도 CURRY
나폴리 PIZZA PAS

특히 1995년 세계무역기구(WTO) 출범 이후, 경제적 세계화는 더욱 활발해지고 있어.
그만 자고 일어나 봐!
Zzz
세계화
WTO

국경이 더 이상 장애가 되지 않으면서 선진국의
다국적기업들이
야, 엉덩이 좀 더 들어 봐!
세계화
WTO
끙끙
우씨!

값싸게 물건을 생산할 수 있는 해외로 공장을 옮기게 되었지
저게 뭐여?
사과 공장인가 벼.

이제 전 세계 어느 곳엘 가든
택배 왔습니다~!
야호!
또 뭘 산 거야?

다국적기업의 상품들을 쉽게 구할 수 있어.
근데 이 자전거 어디서 만든 거야?
글쎄, 상표는 국산인데 몸통은 중국산이고, 바퀴 고무는 인도네시아산.

컴퓨터와 정보통신기술의 발전으로 국제 금융거래가 가능해지면서
그뿐만이 아냐.

컴퓨터 자판을 두드리면 엄청난 금액들이 순식간에 여러 나라를 오갈 수도 있지.
NYSE

세계화라는 말은 문화적 의미를 갖기도 해.
정보통신기술의 발전으로,
Julie, 슈퍼주니어의 〈sorry sorry〉 들어 봤어?
탁탁

세계 사람들이 특정 국가의 영화, 대중음악, 드라마 등을 함께 공유하게 된 현상을 말하지.
Of course! 요즘은 샤이니가 인기가 더 많아!
탁탁

최근에 우리나라의 드라마와 대중음악 등 이른바 '한류'가
욘사마!

아시아를 넘어서 유럽과 미국 등에서도 인기를 얻기 시작한 것이 바로 문화적 세계화의 사례야.
링딩동~♪
링딩동~♪
꺄악-!

세계화는 정치적인 변화를 만들어 내기도 한단다.
…….
같이 잘해 보자고!
우리도!
파이팅!

세계화는 국가들 간에 상호의존성을 높이는 동시에

전 세계가 극심한 경쟁에 놓이도록 만들었어.
조금만 더!
으~.

하나로 통합되는 시장에서는 극히 일부 국가와 도시들만이 경쟁력을 갖기 때문이야.
다 비켜!
슈융-
내 거야!
악!
퍽
한 입만…….

이런 어려움을 극복하기 위해 지리적으로 가깝고 경제적으로 상호의존도가 높은 지역 간에 경제적 협력을 강화하려는 움직임을 '정치적 세계화'라고 해.
맛있다~!

주로 회원국끼리 관세나 무역에서의 제한을 완화하여 경제 협력을 형성하려고 하지.
3단 합체!
내꺼야!

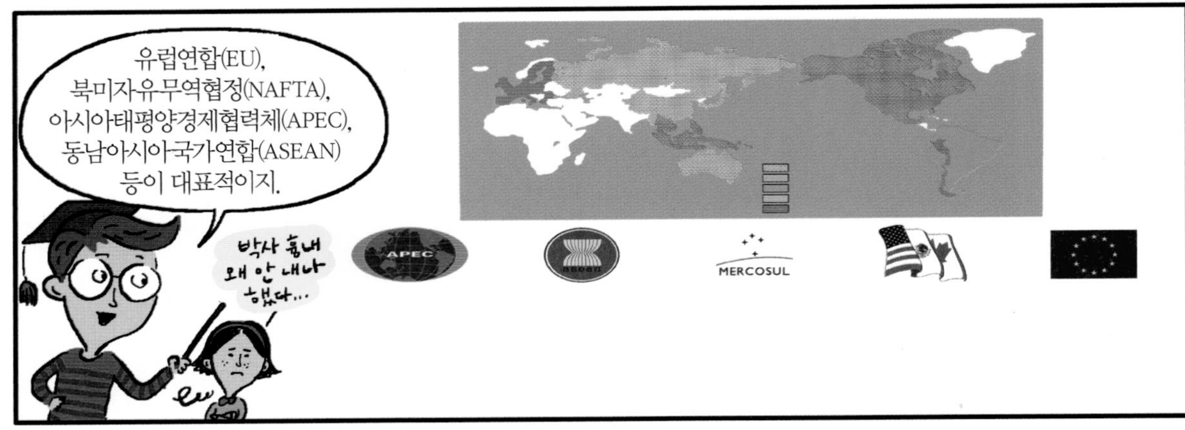
유럽연합(EU),
북미자유무역협정(NAFTA),
아시아태평양경제협력체(APEC),
동남아시아국가연합(ASEAN)
등이 대표적이지.
박사 흉내 왜 안 내나 했다…
APEC
MERCOSUL

1990년대 중반 이후에는 지역경제협력뿐 아니라 자유무역협정(FTA) 체결도 증가하고 있어.
검문이 있겠습니다.
SCANNER

우리나라도 칠레, 싱가포르, 유럽 연합, 미국 등과 체결했지.
통과!
FTA 약정서
SCANNER

그런데 오늘날과 같은 세계화는 언제부터 시작됐을까?

교통과 통신이 발달하기 이전에는
쏴아-

사람들은 자신이 태어난 곳에서 평생을 보내는 경우가 대부분이었어.
…….
쏴아-

일부 상인이나 탐험가 등에 의해 다른 지역의 이야기가 전해지기는 했지만 말이야.
쏴아-
세상은 넓단다.
진짜?

15세기 말 신대륙 발견 이후 유럽 국가들이 아시아와 아프리카를 식민화하고,
쿵-
누, 누구?!

유럽의 종교와 언어, 경제가 전 세계로 확대되면서 세계는 전보다 훨씬 가까워지게 되었지.
잘 어울리는군!
……
스타일이 좀…….

오늘날처럼 세계가 거대한 하나의 자유 시장이 되기 시작한 것은 1970년대 이후부터야.
GLOBAL MARKET
SINCE 1970s

세계무역기구(WTO) 등의 기구를 중심으로 국가 간에 자유롭게 무역을 하게 되었지.
WTO
하하하!

무역이 발생하는 이유는 각 나라마다 경쟁력 있는 상품을 거래하면서 이득을 얻기 위해서야.
미국 소 베리베리 굳!
우리나라 차가 싸고 좋당게!
MOO

이렇게 다른 지역과 비교할 때 유리한 조건을 갖는 것을 '비교우위'라고 해.
그럼 우리 소랑 너희 자동차랑 바꿀까?
왠지 내가 손해 보는 느낌인데.

예를 들면 포도주를 생산하기에 적합한 조건을 가진 곳에서는 포도주를 특화해서 만들고,
흠, 오늘은 커피가 마시고 싶은걸.
CALIFORNIA WINE

커피 생산에 적합한 곳에서 커피를 생산해 교역한다면 서로 이득이 된다는 것이지.
우리 와인 정말 맛있어! 커피랑 바꾸자, 어때?
정말 맛있을까?
미국 이잖아~, 믿어 봐!

그런데 문제는 모든 나라나 지역들이 자신들만의 비교우위를 갖고 있는 것이 아니라는 거야.
왜? 서로 이득 아냐?

이미 경쟁력을 갖춘 선진국들과 달리 힘없는 나라들은
우리나라 상품 좋은 거 다 알잖아~.
부릉~
많이들 사라고! 거저 주는 거나 다름없어~.

세계화로 인해 더욱 힘든 상황에 놓이게 된 거야.
왠지 속은 기분이야.
MOoo...

예를 들어 우리나라 농업은 세계적으로 볼 때 경쟁력이 취약한 분야야.
에구에구, 허리야. 농사가 제일 힘들어.
쯧쯧, 그걸 50년 넘게 하고서야 깨달았슈?

그런데 농산물 시장을 개방하면서 미국, 오스트레일리아 등 해외에서 생산된 값싼 농산물의 수입이 급증하고 있어.
에구, 허리야, 팔이야, 다리야~.
……

WTO 출범 전까지는 수입을 제한했던 고추, 마늘, 양파, 포도, 감귤, 오렌지, 쇠고기, 돼지고기, 닭고기 등
똑똑똑
뉘슈?
김영감이 삽 돌려주러 왔나 벼.
에구구…

주요 농축산물의 수입이 가능해지면서 농민들의 생계에 큰 위협을 가져왔어.
바다 건너온 양파 좀 드셔 보세요~.
각종 채소, 과일 있어요~!
오메!
우르르
꼬꼬ㅡ
꿀꿀

그래서 해외에서 값싸게 들어오는 농산물과의 경쟁에서 살아남기 힘든 농민들의 경우,
저, 저것들은 뭣이여?
우르르르

자유무역 세계화에 반대하고 있지.
FREE
WTO
NO
No
VOICE
ARCH
GAINST
WTO
Global Injustic

이처럼 세계화는 두 얼굴을 가지고 있어.

특정 지역과 사람들에게는 더 많은 기회를 제공하는 반면,
세상은 공평하다고! 하하하!

어떤 지역에선 생존경쟁에서 살아남기 위해 싸워야 하지.
우리는 어떻게 먹고 살라고!

이렇게 세계화는 사회 계층, 또는 지역 간의 경제적 격차를 더욱 크게 만들어.
같은 지구에 사는 거 맞아?
GLOBLIZATION

대표적으로 뉴욕, 런던, 도쿄와 같은 '세계도시'들은 세계화로 인해 더욱 발전하고 있어.
우리 집은 확실한 녀석만 밀어 준다!
아무렴!
헤헤.

세계의 주요 은행이나, 다국적 기업의 본사 사무실,
자, 여기 통장~.
넙죽~
감사합니다.

국제 법률가나 회계사, 건축가 등의 사무실이 집중된 이들 도시는
이건 땅문서~.
넙죽~
감사합니다.

지금도 전 세계의 경제적, 정치적, 문화적 중심지로서 영향력을 발휘하고 있어.
하하하!
내가 우리 집의 기둥이다!

한편, 가난한 나라로 수출되는 쓰레기 문제는 세계화가 가져온 어두운 면을 보여주는 사례지.
여기다 버려도 되나?
안 돼!

1980년대 이후 선진국들은 처리 비용이 많이 드는 각종 폐기물을 불법적으로 아프리카와 아시아 등으로 수출하고 있어.
선물이야.
이런 걸 받아도 되나?

가난한 노동자들은 보호 장비도 없이 위험한 폐기물을 다루느라 건강을 해치기도 하고,
어때? 선진국에서 온 거라서 세련됐지?
집이 확 사네요!
와~, 무늬 멋지다!

폐기물들이 공기와 토양, 지하수 등을 오염시키는 등 심각한 문제를 만들고 있어.
며칠 후.
머리카락이 왜 이렇게 빠지지?
난 자꾸 코피가 나요.
속이 메스껍고 머리가 아파요.

우리가 편리함과 유행을 좇아 쉽게 버리는 컴퓨터나 휴대전화기가
아가씨! 최신 스마트폰 보고 가~!
휙
신상으로 바꿔야지!
스마트폰 무조건 싸
공짜폰 있어요

아프리카 어린이의 건강을 해치는 주범이 될 수 있다고 생각하면 깜짝 놀랄지도 몰라.
퉁

또 사람들이 특정 국가의 문화만을 접하게 될 경우에
꺄악—
I LOVE K-POP!
I ♥ SHINEE
K-POP ♥

본래 가지고 있는 고유의 문화나 정체성이 사라질 수도 있어.
꺄악!
너무 한쪽으로만 쏠리는 것 같은데…….
사랑해요!
뭐?
WHAT?

즉, 전 세계의 문화적 다양성이 사라지고,
웬 잘난 척? 너는 한국인 아냐?
꺄악—
뭐라고 했어?
꺄악
사랑해
SHINEE
개인적인 생각인데.

획일화된 문화만 남게 될까 봐 걱정하는 사람들이 많아.
꺄악—
아냐, 역시 한류 짱! 사랑해요!
오빠—!
당연하지!
왕따는 무서워… 흑.

대표적으로 오늘날 우리나라와 인도 등 몇몇을 제외한 전 세계 대부분의 국가에서는
MARVEL
THE AVENGERS

자국의 영화보다 미국 할리우드 영화가 더 많이 상영되고 있어.
뭐야? 만날 왜 미국이 지구를 구하지?
그냥 영화인데 뭘 그래? 헐크 짱!
사건도 꼭 미국에서만 터지고…….

거대 자본과 볼거리로 가득한 할리우드 블록버스터 영화를 상대하기에
COME ON—

대부분 국가의 영화 산업은 자금과 인력이 부족하기 때문이지.
켁켁!
하하하!

그래서 우리나라와 그리스, 브라질, 이탈리아, 프랑스에서는 '스크린 쿼터' 제도를 실시하고 있어.
잠깐!
삑
?

자국 영화를 일정 기간 동안 의무 상영하도록 하는 자국 영화 상영 할당제를 말하는데,
이제 좀 공평하지?
덤벼!

영화는 산업일 뿐 아니라, 문화적인 측면을 반영하고 있기 때문에
헉
헉
퍽
퍽
……

한국 영화가 경쟁력을 갖출 때까지 이러한 보호가 필요하다는 차원에서 유지되고 있지.
헥
헥
아직 안 돼!
이제 좀 풀어 주시지?
툭

세계화에 반대하는 사람들이 비판하는 대상은 주로 다국적 기업들이야.
GM
TOYOTA
Jeep
BMW
intel
HYUNDAI
SK
BASF
Tupperware
Microsoft
AGFA
BOSCH
TOTAL
Companhia Vale do Rio Doce
MOTOROLA
Panasonic
BLAUPUNKT
OLYMPUS
Marubeni
Visteon
Lufthansa
Oral-B
AmericanAirlines
Nestlé
Schneider Electric
NEC
Empowered by Innovation
evian
3M
skype
Panasonic ideas for life
Pfizer
sojitz
三井物産株式會社
Nippon Steel Corporation
LG
TOSHIBA
THE NORTH FACE
ITOCHU
Mitsubishi Corporation
HITACHI Inspire the Next

전통적인 세계 무역에서는 기업이 한 나라 안에서 상품을 생산한 후 다른 나라에 수출했어.
뚝딱 뚝딱!
어서 옵쇼~!

그렇지만 오늘날의 다국적 기업들은
여러 나라에서 상품을 생산한 후 판매해.
넌 원료를 제공하고,
넌 제품을 만들어.
넌?
난 돈 벌고.

예를 들어 원료는 에티오피아에서 가져와 중국의
공장에서 가공한 후, 영국에서 광고를 만들어 전 세계에
판매하는 방식이지.
Umm.. Good!

그런데 몇몇 다국적 기업들은 한 나라의 경제 규모보다
큰 경제력으로
좀만 나눠 주지…….

자신들에게 유리한 각종 무역 협정들을 만든다고
비판받아 왔어.
자, 누이 좋고 매부 좋고~.
너만 좋은 거 아니고?
무역협정

어떤 다국적 기업들은 이윤을 극대화하기 위해
쓰다커피
★채용공고★
모집 인원 : OO명
채용 조건 :
1. 학벌 상관없음.
2. 근면, 성실한 자.
3. 사회에 불만 없는 자.
와~

가난한 나라의 노동자들에게 정당한 대우를 제공하지
않기도 하지.
열심히 일하면 보람 있을 거야!
아무렴! 큰 기업인데!

예를 들면, 커피전문점에서 약 5천 원에 팔리는 커피의 경우,
캐러멜 마키아토요.
5천 원입니다.

커피 농사를 짓는 농민들에게는 100원
정도의 수익밖에 돌아가지 않는다고 해.
자, 임금이다!
헐!
100

특히 싼 값으로 상품을
생산하기 위해 공장을
지어 놓고는,
빨리 빨리!
많이 많이!

그 지역의 환경보호나 지역 주민의 복지문제 등에
관심을 기울이지 않는 비도덕적 행위는 세계화에
반대하는 목소리를 더욱 크게 만들고 있지.

문제는 이 다국적 기업들을 규제할 장치가 거의 없고,
그래서 계약
안 할 거야?
아니,
나한테도 뭔가
이익이 있어야
…….
무역협정

정부의 영향력도 점점 줄어들고 있다는 거야.
그래서
안 할 거냐고!
하,
할게요.
……
철푸덕
정부

이처럼 최근에는 국가가
대외 경제 정책이나 국제 기업에
대한 규제를 일방적으로 추진하기
어려워지고 있어.
불매운동
해버릴까?

이런 상황에서는 세계무역기구(WTO)와 같은 국제적 조직의
영향력과 국제적 비정부기구(NGO)의 활동이 중요해졌지.
너희 뭐야!
이제 그만
하시죠.
적당히
합시다.
WTO
NGO
국가가 나한테
뭘 해줬나…
정부

비정부기구란 정부의 개입 없이 시민이나 민간단체들에
의해 조직된 단체를 말해.
여긴 어느 기관에
소속돼 있죠?
그런 거 없는데.
유기견을 지키는 사람들
멍멍!
멍!

현재 전 세계에는 국제 비정부기구가
4만 개나 있어.
미래숲
BREAST CANCER AWARENESS CAMPAIGN
Early Detection. Cure. Prevention.
WWF
NGO
GREENPEACE
habitat için gençlik
JTS
GREEN CROSS

국제적 비정부기구들의 활동이 중요해진 이유가 뭐야?
아, 그건…….

오늘날 환경, 인권과 같은 다양한 문제들이 세계적인 수준에서 발생하고 있기 때문이야.
콜록-

세계화는 나라들 간의 사람, 상품, 돈의 이동을 획기적으로 증가시켰지만,

동시에 그로 인해 발생하는 여러 가지 문제들을 한 나라의 힘으로 해결하기 어렵게 만들었기 때문이지.
빵빵!
탕탕!
꼬르륵-

그렇다면 우리는 어떻게 대처해야 할까?
지구를 탈출하자!

으이구, 못살아!
무엇보다도 세계화된 지구촌의 일원으로서 책임의식을 갖는 것이 필요하지!
안 타?
콜록! 콜록!

특히 부유한 국가들은 가난한 지역의 자원을 과도하게 이용해서
그런데 이렇게 나무를 막 베어도 될까요?
그런 거 신경 쓰지 말고 일이나 해!

그곳의 지역 경제와 환경이 왜곡되지 않도록 노력해야 해.
게또…….

이러한 노력은 단순히 가난한 나라를 위한 것만은 아니야.
세계화
세계화의 길은 멀고 험하구나.

세계화의 거대한 흐름 속에서 누구나 때로는 피해자가 되기도…….
무슨 소리지?
와아앗
두두두두…

때로는 가해자가 될 수도 있기 때문이지!
우르르르
으아아, 웬 사람들이!
밀지 마! 악!!
비켜-!

결국 세계의 문제가 곧 우리 자신의 문제가 되고 있음을 잊지 말아야 해.
어, 어, 미안!
우르르
슝
으아아아-, 저 바보가!

어?
툭

고 마이클 잭슨의 노래 "Heal the World(세계를 치유해요)"의 노랫말을 떠올리면서 말이야.
엄마야!
슈우웅-

Heal the World
(세계를 치유해요)
Make it a better place
(더 나은 세상을 만들어요)
For you and for me
(당신과 나)
And the entire human race
(그리고 세상 모든 사람들을 위해)
어떻게 된 거지?
마이클 잭슨이다

식탁 위 음식들은 어디에서 왔을까?

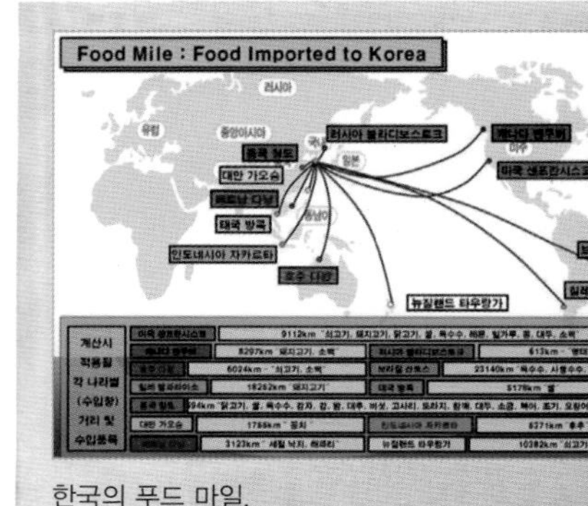

한국의 푸드 마일.

세계화된 지구촌에 살고 있음을 가장 확실히 느낄 수 있는 곳은 어쩌면 우리집 식탁이 아닐까요? 원산지가 외국인 열대 과일, 생선, 돼지고기 등의 농수산물뿐 아니라, 포도는 칠레에서, 설탕은 인도네시아에서 가져와, 중국의 공장에서 가공된 미국 식품회사의 포도잼도 있을 것이에요.

어쩌면 한 끼 식사로 만들어진 음식들의 이동거리는 우리가 평생 돌아다니는 거리보다 더 긴 경우도 많을지 몰라요. 이렇게 식품이 생산된 곳에서 소비자의 식탁에 오르기까지의 이동거리를 '푸드 마일(Food Miles)'이라고 불러요. 그럼 우리 식탁 위 음식들의 푸드 마일은 얼마나 될까요?

이제 우리는 한 겨울에도 바나나, 파인애플 같은 열대과일을 먹을 수 있어요. 또 우리나라에서는 잘 잡히지 않는 참치도, 생산하기 어려운 커피가 없는 생활은 상상하기도 어려워요. 이게 모두 세계화로 인해 전 세계가 하나의 시장이 되었기 때문이에요.

그런데 우리 식탁 위에 오르게 된 수입 농산물들은 그렇게 먼 거리를 이동하는 동안 어떻게 신선함을 유지할 수 있는 걸까요? 또 이런 식품들을 먹기 전에 우리 식탁에 오르던 우리 농산물을 재배하던 농민들은 어떻게 되었을까요? 배나 비행기를 타고 오는 동안 얼마나 많은 연료가 사용되는 걸까요? 이렇게 먹거리의 세계화는 식품의 안정성, 환경오염과 같은 문제를 발생시키기도 하고, 다국적 농업기업에 비해 경쟁력이 약한 지역농민에 경제적 어려움을 야기하기도 해요.

이러한 문제를 해결하기 위해 관심을 갖는 사람들은 '로컬푸드(local food)', 즉 지역먹거리 운동을 벌이고 있어요. 농민이 직접 키운 신선한 농산물을 파는 농민장터(farmer's market)를 이용하거나, 지역에서 난 제철 식자재를 이용하는 것 등이 그

것이에요. 그밖에도 이탈리아에서 시작된 슬로푸드(slow food) 운동도 있어요. 오늘날 세계 사람들은 가까운 곳에서 몇 분이면 바로 먹을 수 있는, 전 세계 어디에서나 똑같은 맛을 가지고 있는 패스트푸드에 익숙하지요. 패스트푸드로 인해 음식문화는 획일화되고 전통적 음식들은 점차 사라질 위기에 놓였어요. 이에 1986년 이탈리아에서 맥도날드 햄버거에 반대해 시작된 슬로푸드 운동은 지역 특성에 맞는 전통적이고 다양한 식생활을 추구하고자 해요. 즉, 믿을 수 있는 지역의 식재료와 전통적인 조리방법을 사용해 정성스럽게 만든 음식으로 소비자와 어린아이들에게 건강한 입맛을 찾도록 하고자 하는 것이지요. 태어난 땅에서 나온 것이어야 몸에도 맞는다는 '신토불이(身土不二)'이야말로 슬로푸드의 정신을 요약한 말인 것 같아요.

그런데 지금도 지구 곳곳에는 많은 사람들이 굶주림에 시달리고 있어요. 이 사람들은 전통적으로 가족 중심의 소규모 농업으로 생계를 유지하여 왔지만, 최근에 내전 같은 분쟁, 사막화 등의 기후변화, 그리고 농업의 세계화로 인해 생계 기반을 잃어버렸어요. 더욱 안타까운 일은 부자 나라에서는 전 세계에 수출할 농산물의 가격을 높게 유지하기 위해 멀쩡한 농산물들이 버려지기도 한다는 것이에요.

하루 동안 지구에서는 굶주림과 그로 인한 질병으로 인해 10만 명에 가까운 사람들이 죽어가고 있다고 해요. 세계의 다른 편에서는 영양과잉으로 인한 비만이 사회적 문제가 되고 있고요. 이것이 바로 세계가 한 마을과 같다는 지구촌 시대의 불편한 진실이에요.

슬로푸드 운동 로고.

10장 발자국을 남기지 마시오!

햄버거는 전 세계 인구의 1%가 매일 먹는 가장 미국적인 음식이자 세계적인 음식이야.
BURGERIA
KETCHUP

그런데 이 햄버거가 열대림과 맞바꿔 만들어졌다는 건 모르지?
앙—.
?
BURGERIA
24

언뜻 보면 연결시키기 힘든 사건들의 과정을 '햄버거 커넥션'이라고 해.
음~, 맛있당
—듣고 있니?

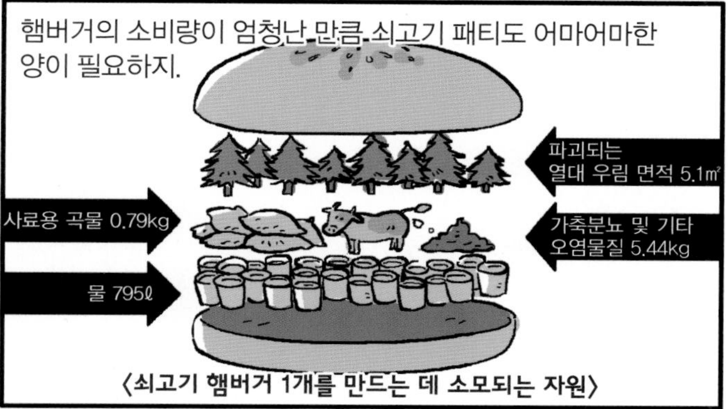
햄버거의 소비량이 엄청난 만큼 쇠고기 패티도 어마어마한 양이 필요하지.
파괴되는 열대 우림 면적 5.1㎡
사료용 곡물 0.79kg
가축분뇨 및 기타 오염물질 5.44kg
물 795ℓ
〈쇠고기 햄버거 1개를 만드는 데 소모되는 자원〉

사막 주변의 초원 지대에서는 매년 우리나라 크기 정도의 목초지가 사막화되고 있어.
자꾸 원형탈모가 …….

또 1kg의 고기가 접시에 오르려면 가축에게 30kg이 넘는 콩과 곡물을 먹여야 하지.
30kg

이렇다보니 잘사는 나라 사람들이 먹을 쇠고기 생산을 위해
UMM… NEW YORK STEAK!

가난한 나라 사람들은 당장 먹을 식량이 부족해지게 돼.
오늘도 밀가루 빵에 단무지구나.
단무지 많이 먹지 마!
내가 언제!

햄버거용 쇠고기 생산량을 늘리기 위해
I WANT MORE BURGER

중남미 곳곳에서 농토가 축산지가 되고,
이거 다 먹어도 돼요? 진짜?

열대림이 파괴되고 있어.
진짜 먹어도 되는 거죠?
나중에 딴말하기 없기!

햄버거용 쇠고기 하나를 만드는 데 1.5평의 열대림이 사라지고 있지.

또 사료 작물인 콩의 재배 면적도 거대해지고 있어.
근데 이걸 누가 다 먹지?
쟤네가.

브라질 열대림 지역에서 재배된 콩은 중국, 유럽, 미국 등으로 수출되고,
우리가 먹을 건?
……없지.

커피나 사탕수수를 재배하기 위해 밀림 전체를 태우는 일이 허다하지.

한마디로 '열대림의 수난시대'가 따로 없단다.
…….

탄소는 대표적인 온실가스인데,

열대림은 지구의 허파라고 불릴 정도로 막대한 양의 이산화탄소를 흡수해 줘.

따라서 열대림이 사라진다는 것은 곧 지구가 더워진다는 것을 의미하지.
아이고, 더워!

지난 100년 동안 지구의 평균 기온이 0.74℃ 상승했고,
또 올랐네!

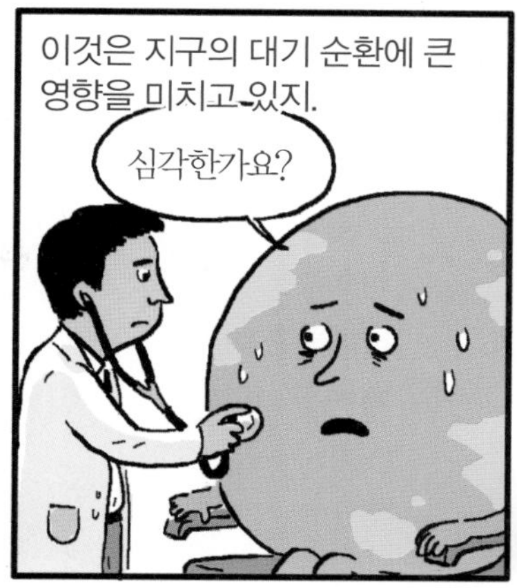
이것은 지구의 대기 순환에 큰 영향을 미치고 있지.
심각한가요?

21세기에 들어 지구는 이상 기후로 인한 자연재해와 싸우고 있어.
폐가 안 좋으시네요. 곧 여러 가지 합병증이 나타날 것입니다.
네?

추위와 더위, 폭설, 폭우, 가뭄과 사막화,

바닷물의 온도 상승으로 인해 더 강력해진 태풍 등이 끔찍한 피해를 주고 있지.
YOU CAN HELP.
STOP GLOBAL WARMING

또 북극의 얼음은 사상 최소 수준으로 줄어들었어.
배고파.
나도.

얼음이 녹아 사냥하기 힘들어진 북극곰이 다른 곰을 잡아먹는 일까지 벌어지고 있지.
미안해, 친구.
끄윽
…….

지구 온난화의 가장 큰 피해는 해수면 상승이야.
어, 어, 어!

작은 섬나라들은 물에 잠기고,
이러다 물에 잠기겠어!

방글라데시나 미국의 플로리다와 같은 저지대는 심각한 타격을 받게 되겠지.
흡!
어푸푸!

인도양의 지상 낙원으로 불리는 몰디브 섬은 평균 해발고도가 2.1m이지만

1m 이하의 면적이 80%를 넘는 곳으로,
그런데 지금 여기가 어디야?
어푸
어푸
흐으읍…

주민들은 온난화로 인해 닥칠 재앙을 두려워하고 있단다.
몰디브!
I'LL BE BACK…
꼬르르륵

햄버거 커넥션을 짚어 보니, 햄버거가 환경과 인간에 미치는 파괴적인 영향이 놀랍지?
으앙! 다신 햄버거 안 먹어!
진짜 물에 빠져서 죽는 줄 알았잖아!
휙!

인간과 환경을 바라보는 시각 중에 '환경결정론'이라는 것이 있어.
엄마, 저 나가요~!
전국 흐리고 비
얘, 우산 챙겨가! 오늘 비 온대!

인간이 천연자원, 기후, 지형 등 주어진 환경에 지배를 받는다는 이론이지.
잉~, 엄마 말 들을 걸.

자연환경에 따라 지역 주민들의 의식주 문화가 달라지는 것을 생각하면 쉽게 이해될 거야.

그러나 이것을 너무 단순하게 생각해서도 안 돼.
좀 쉽게 설명해 봐~.

한때 북유럽 사람들이 자신들이 침략한 식민지 원주민들을 비하하는 소문을 퍼뜨린 것처럼 말야.

한랭한 기후는 인간의 창의성과 에너지를 자극하는 효과가 있는 반면,
이상하게 공부가 막 잘 되네?

무덥고 습한 열대성 기후는 이를 억제하는 효과가 있다거나,
위잉~
아이고, 더워! 공부고 뭐고 잠이나 자야지!

철따라 바뀌는 고위도 지방은 계절 변화가 없는 열대성 기후에 비해 해결해야 할 문제들이 더 많으며,
살려줘!
꺼내줘!
또 너냐?
119

한랭한 기후에서 생존하려면 따뜻한 집과 옷이 있어야 하므로 기술적으로 더욱 창의적이어야 하는 반면,
내가 지었지만 정말 모던하고 판타스틱하단 말야!

열대 지방에서는 비교적 단순한 집을 짓고, 아예 옷을 입지 않아도 얼마든지 살 수가 있다는 식이지.
내가 바로 상팔자~.

그러나 이러한 설명은 사실 허점투성이야.
어쩐지, 날씨랑 상관없이 공부가 하기 싫더라.

농업, 문자, 바퀴 같은 진보적인 산물은 대부분 더 따뜻한 지역에서 개발된 것들이고,
A
B
C
D
E
天
地
玄
黃

북유럽은 단순히 그런 산물들을 받아들이기 좋은 위치에 있었던 것뿐이지.
쟤들이 또 뭘 만들고 있나 봐.
뚝딱 뚝딱☆

특정 인종이나 민족이 더 우월하다는 주장은 과학적으로 아무 근거가 없어.
정말?

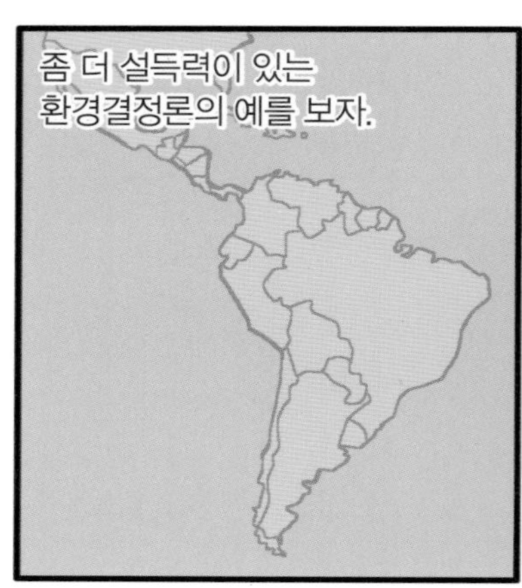
좀 더 설득력이 있는
환경결정론의 예를 보자.

아메리카 원주민들이 스페인 군사들에 맞서 싸울 때 그토록 빨리 세력이 꺾였던 데에는
와아—

유럽의 총기와 철제 무기 말고 다른 이유가 있었어.
흥! 하나도 안 무섭다!

바로 유라시아의 전염병에 면역력이 전혀 없었던 거야.
아, 근데 왜 이렇게 어지럽고 머리가 아프지?

수없이 많은 원주민을 죽인 병균이야말로 그들이 살아온 환경이 완전히 달랐음을 말해 주는 거지.
에취!
쿵—
꼴깍!

그러나 인간이 자연 앞에서 늘 수동적인 것만은 아니야.
이놈의 홍수, 지겹다.
와~!

환경이 인간의 선택 가능성을 만들어 낸다는 사고를 '환경가능론'이라고 하는데,
이대론 안 돼!
첨벙
첨벙

이는 환경결정론이 확장된 이론이야.
잘 좀 발라요!
?

예를 들어 강이 범람하면 둑을 쌓아서 피해를 예방할 수 있지.
하하, 어때?
와~!
싫어! 물놀이~!

하지만 인간은 환경가능론을 오해하고 너무 앞서갔어.
우리가 뭘?
으앙, 물놀이~!

강물의 흐름을 끊고 대규모
댐 공사를 하고,

농지를 넓히기 위해 바다의
갯벌을 매립하고,
왜 이렇게 못살게 구는 거야, 진짜!

더 빠른 길을 내기 위해 터널을
수없이 뚫지.
LIFE IS A HIGH WAY ~
쌔앵—

물론 아주 오래 전부터 인류는 자연을 변형시키며
살아왔지만,
조물락 조물락
뚝딱 뚝딱
캬오

그것은 기껏해야 삼림과 같이 눈에 보이는 지구의
'얼굴'에 영향을 끼치는 정도였어.
요즘 나 뭐 달라진 것 같지 않냐?
에이~, 나 정도는 돼야지~.

그런데 산업혁명 이후로 전 지구적인 환경 시스템에
변화를 일으키는 수준에 이르렀지.
바쁘다, 바빠!

온실가스와 오존층 파괴 물질의 배출이 대표적이야.
CO2
CH4
N2O
CFCs
HFCs
SF6

현재는 특정한 곳에서만 나타나고 있지만,
뽁
뾰루지 난 것 같기도 하고.
어?

점차 전 세계적으로 확산되는 환경 문제들도 있지.
뽁
뽁
악!
뽁
뽁
야! 너 빨리 병원에 가 봐!
뽁
뽁

레이첼 카슨(Rachel Carson, 1907년~1964년)

인류에게 닥친 위험을 좀 더 빨리 깨달은 사람들은
이대론 안 돼!
ECO MAN
에코 맨

세계야생동물기금협회(1961), 그린피스(1971), 월드워치(1975) 같은 비정부기구(시민단체)를 조직해서
지구가 위험하다!
WWF
GREENPEACE

대중에게 환경문제의 심각성을 알리고,
이것 좀 봐 주세요~.
지구를 살립시다!

환경을 더럽히는 기업이나 정부에 맞서오고 있지.
KOREA
PACIFIC TUNA DESTROYER
GREENPEACE

그러나 환경을 보호하자는 요구에도 함정이 있어.
NEW
HYBRID CAR!

예를 들어 탄소 배출을 줄이기 위한 기술은 선진국이나 대기업은 쉽게 구할 수 있지만
최신형 하이브리드 차로 환경도 보호합시다!
얼마요?

개발도상국이나 중소기업에게는 큰 부담이 될 수 있지.
안전운전 하세용~.
하하! 폼나는구만!
부릉

석유 값이 오르면 석유를 덜 사용하게 되므로 환경 보호 차원에선 좋지만,
이 차가 연비로 절약되고……
돈 없는데.

서민들은 부자들보다 훨씬 고통스러운 생활을 하게 돼.
환경까지 보호하는……

다시 말해 환경 보호와 사회 정의가 대립할 수도 있다는 거야.
환경이고 뭐고 먹고살기 힘들어 죽겠구만!
쳇!

1987년 몬트리올 의정서

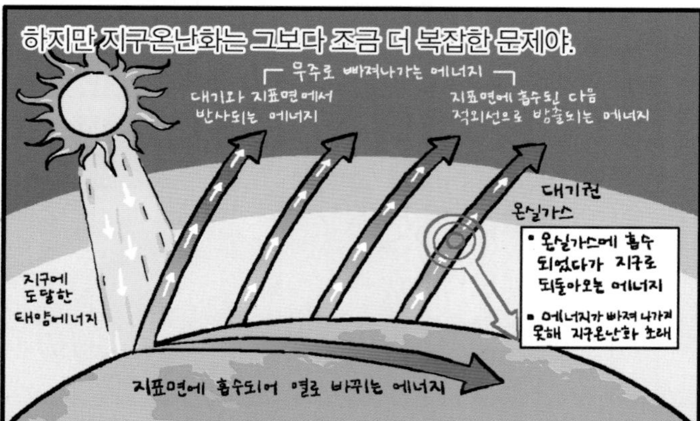

2008년~2012년의 연평균 배출량을 1990년에 비해 5% 이상 줄이기로 합의하기로 했다네요.
뭐?

하지만 미국은 2001년 교토의정서 의무 이행 포기를 선언했고,
에이, 난 안 해! 못해!
휙

중국과 인도 등 신흥국은 처음부터 참여하지 않았지.
거봐, 우리처럼 처음부터 끼질 말든가.

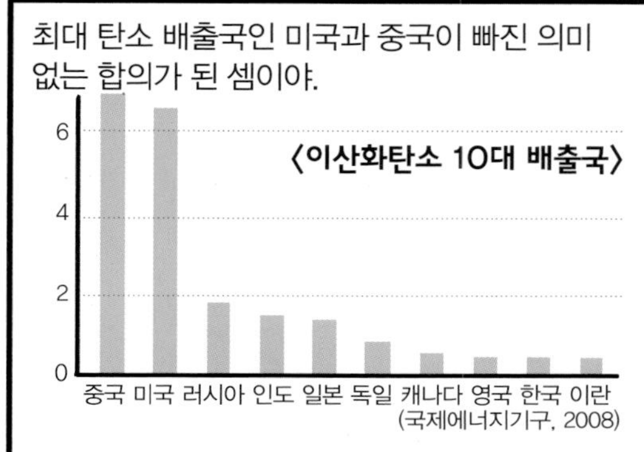
최대 탄소 배출국인 미국과 중국이 빠진 의미 없는 합의가 된 셈이야.
〈이산화탄소 10대 배출국〉
6
4
2
0
중국 미국 러시아 인도 일본 독일 캐나다 영국 한국 이란
(국제에너지기구, 2008)

2013년부터 교토의정서를 대신할 합의를 내기 위해 2009년 UN기후변화협약 당사자국 총회를 열었는데,

개발도상국과 선진국의 입장이 너무 달랐어.

개발도상국은, 선진국이 가스 배출을 더 줄여야 하고, 자국 피해까지 보상해야 한다고 주장했고,
뭐, 내가 틀린 말했나?

미국 등 선진국은 개도국이라도 온실가스 최대 배출국인 중국이 의무감축국에 포함돼야 한다고 고집했지.
합리적인 미국 입장에서 말도 안 되는 일입니다!

결국 미국과 중국의 대립으로 합의를 이루지 못했어.

우리나라는 OECD
회원국 중에서 유일하게
의무감축국이 아니야.
그럼 우린
상관없네, 뭐.

하지만 세계 10위권 안에 드는 경제대국이자 온실가스
배출국으로서 적극적으로 감축에 나서는 것은 당연한 의무지.
옥신각신
COP15
PENHAG
우린 저러지는
말아야지.

우리나라는 2020년까지
국가 온실가스 배출량의 30%를
감축하겠다는 목표를 국제사회에
공표했고,
COPENHAGEN

중요 국정과제로 '저탄소 녹색성장'을 정했어.

녹색 성장이란 녹색 기술과 같은 신기술과
쑥쑥
자라렴!

태양, 바람, 조류와 같은 청정에너지를 이용해 온실가스와
환경오염을 줄이고,

새로운 일자리를 창출하는 걸 말해.
같이 할래요?
그럴까요?

우리뿐만 아니라 많은 선진국들이 이미 녹색 성장의 시대로
접어들었어.

개발에는 후손과 이웃을 배려하는 착한 개발이 있고,
우리 할아버지가 그러시는데, 이 숲은 옛날부터 동물보호구역이라 개발하지 않는대.
와, 인간은 착하구나!

눈앞의 이익과 나만 생각하는 나쁜 개발이 있어.
콰콰콰콰

크고 작은 개발을 시행할 때 여러 당사자들 간에 갈등이 없을 수는 없지만,
잠깐!
!

대화를 통해 합의를 이루고 지역 주민과 생태계를 위해 나은 선택을 해야 해.
옳소!
워, 워~!

이렇게 환경적으로 건전하고, 미래 세대를 고려하는 착한 개발을

'지속가능한 발전'이라고 하지.
자연
생태계 보존
정치
민주화
적정한 개발
경제
평화·평등·인권
사회

1987년 세계환경개발위원회가 발표한 보고서에 이 개념이 처음 제시된 이후,

1992년 브라질 리우데자네이루에서 이를 실천하기 위한 회의가 열렸단다.
RIO+20
United Nations Conference on Sustainable Development

'지속가능성'의 핵심은
아우, 배고파. 엄마!
쾅~

인간이 현재 세대의 필요를 충족시키기 위해
동생이랑 나눠먹어라. -엄마
PIZZA
우와!

미래 세대가 사용할 경제, 사회, 환경 등의 자원을 낭비하지 말아야 한다는 거야.
우왕~, 맛있당!
와구와구~

지속가능한 발전은 이제 생태계 보전과 경제적으로 적정한 개발뿐만 아니라
끄억~
먹다 보니 동생 것까지 다 먹었네!

평화, 평등, 인권과 같은 사회적 측면,
그날 밤
엄마! 누나가 내 것까지 다 먹었어! 엉엉~!

민주화와 같은 정치적 측면까지 포괄하는 개념으로 넓어졌어.
동생이랑 나눠 먹으라고 했잖아!
딱!
아야야~

생태 발자국이란 말 들어 봤니?
그게 뭔데?
ECOLOGICAL FOOTPRINT

인간이 살아가면서 자연에 남기는 발자국으로,

음식, 옷, 에너지 생산과 처리 같은
딩동~
집 보러 왔습니다~.

현재의 물질적 삶을 유지하는 데 들어가는 토지 면적을 나타내는 수치야.
둘러 보세요~.

지구가 감당해 낼 수 있는 생태 발자국 치수는
한 사람당 1.8헥타르인데,
창밖으로 숲이
보여서 아이들 정서에도
좋고요.

한국인은 3.3헥타르(축구장 면적의 11배),
미국인은 5.1헥타르, 인도인은 0.4헥타르라고 해.
야, 거긴 살 만해?
응! 엄청 넓어!
곰팡이

우리는 모두 지구라는 한 배를 탄 운명 공동체야.

자원 고갈과 환경오염, 온난화 문제라는 큰 위기에서
살아남기 위해서는
어? 아기가
방금 찼어!
어디?

특히 화석연료에 지나치게 의존하는
생활양식에서 벗어나야 해.
뭐? 너도 이 집이
마음에 든다고?
쿵
쿵

하하, 다행이네요. 어때요,
살 만하겠죠?

네, 좋아요!
그러니까 다 같이
소중한 지구를
지켜 주자고!
안녕~!

착한 여행 나쁜 여행

해외여행이 우리에게 주는 자유와 낭만의 느낌의 뒤에는 관광산업의 그늘이 존재하고 있어요. 관광지에서 큰돈을 버는 사람들은 그곳을 개발한 다국적 관광기업일 뿐 현지인들은 농사를 짓고 고기를 낚던 삶의 터전을 잃고 일용직 청소부, 짐꾼, 웨이터로 전락한 경우가 대부분이죠. 또한 거대기업들은 돈을 벌기 위해 그 지역의 자연을 가혹하게 착취해요. 네팔인 포터들은 하루 3,000~4,000원을 벌기 위해 40~50㎏이나 되는 짐을 지고 히말라야 산봉우리를 넘고, 인도의 휴양지 고아에 있는 오성급 호텔 하나가 인근 다섯 마을이 소비하는 물과 맞먹는 양을 쓴다고 하죠. 또한 그곳도 주민들이 아기를 기르고 소중한 가정을 이루며 사는 곳이라는 생각을 완전히 망각한 여행객들은 부끄러움도 잊고 불건전한 문화를 잔뜩 심어 놓지요.

여기에 자각을 한 사람들은 조금 다른 여행 방식을 고민하기 시작했어요. '내가 여행에 쓰는 돈이 다국적 관광기업이 아닌 현지인들에게 직접 전달되었으면 좋겠다. 사파리에 동원되는 코끼리는 학대를 당한다는데 멸종 위기의 동물들을 돈벌이 수단으로 이용하는 것은 너무하다. 나는 방문객일 뿐이니 현지 사람들의 삶과 문화를 존중해야지. 나중에 내 아이들도 즐길 수 있도록 아름다운 자연을 훼손하지 말자. 이왕이면 관광산업에 종사하는 가난한 일꾼들에게 알맞은 근로조건을 제공하는 여행사를 선택해 볼까?'

짐을 들고 산을 오르는 히말라야 포터.(출처: 국제 포터 보호 그룹)

그렇게 해서 탄생한 것이 착한 여행이에요. 착한 여행은 공정 여행이라고도 하는데, 현지 사람들과 여행지의 역사, 환경, 경제, 문화에 대한 존중과 배려가 있는 책임 여행으로 등장했어요.

인도네시아의 사파리 코끼리.

우리나라에서 1989년 해외여행이 자유화된 이후 2010년 한 해 해외 관광객은 1,200만 명이 넘었고, 한국 관광객의 지출 규모는 세계 10위권이에요. 그러나 보통 우리나라 여행객의 패턴은 어느 곳에 내려서 "이곳이 사진 찍기가 좋습니다."라고 하면 우르르 몰려가 찍고 이동하는 것이었죠. 동남아 '최저가 패키지' 여행을 다녀온 적이 있다는 어떤 사람은 끌려 다니는 것도 모자라 물건까지 강매 당했다고 해요. 최저가 여행상품을 찾는 고객들이 줄어들지 않는 한 현지 여행사나 가이드가 수익을 남기기 위해 물건을 강매하는 일이 사라지지 않겠죠.

사진을 봐야 어딜 갔었는지 알 수 있는 그런 수박 겉핥기식 여행 말고 그 지역에서만 먹을 수 있는 음식도 골고루 맛보고 자연의 싱그러움을 만끽하며 현지 주민들과 이야기를 나누면 더 좋지 않을까요? 착한 여행은 부담스럽게 의무만을 강조하는 불편한 여행이 아니에요. 여행을 통해 사람 그리고 자연과 맺은 관계를 소중히 여기는 지속가능한 여행이죠.

만일 착한 여행을 당장이라도 실천해 보고 싶다면 가까운 국내 여행지로 시작해 봐요. 일회용품을 되도록 덜 쓰고, 주민이 운영하는 민박집에서 묵고, 대형 체인이 아닌 지역 상점을 이용하려고 노력하고, 자가용보다는 대중교통을 이용하는 것만으로도 충분히 착한 여행이에요. 도보 여행이나 자전거 여행이라면 더욱 좋겠죠. 길 위에서 소박한 자연, 정겨운 사람들과 더 오래 소통하며 진짜 재미, 나만의 예쁜 추억을 많이 만들 수 있을 테니까요.

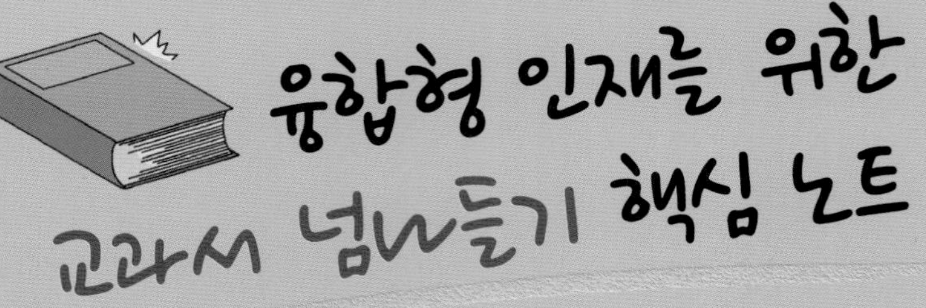

융합형 인재를 위한 교과서 넘나들기 핵심 노트

넘나들며 읽기

새롭고 창의적인 키워드를 만들어 내기 위해서는 기존의 개념을 잘 이해해야 합니다. 창의적인 것이란 이 세상에 존재하지 않는 것을 만들어 내는 것이 아니라 기존의 것들을 잘 섞고 혼합하여 폭을 넓히면서 만들어지는 것이니까요. 이 책에서 읽은 내용을 바탕으로 창의적인 사고를 펼쳐 볼까요?

곤드와나 대륙을 찾아보아요.

우리가 살고 있는 한반도는 아시아에 속하죠. 아시아는 또 육지를 통해서 유럽과 연결되어 있어요. 그리고 유럽의 남쪽, 아시아의 서남쪽에는 좁은 해협으로 연결된 아프리카 대륙이 있지요. 이렇게 큰 땅덩어리를 우리는 대륙이라고 부릅니다. 유럽과 아시아를 합쳐서 유라시아 대륙이라고도 부르고, 유라시아와 아프리카 대륙 외에도 아메리카(남, 북) 대륙과 남극 대륙, 그리고 경우에 따라서는 오스트레일리아를 하나의 대륙으로 보아서 오세아니아 대륙이라고 불러요. 그래서 지구는 세는 방법에 따라서 5~6개의 대륙으로 이루어져 있죠.

그런데 판게아나 로라시아, 곤드와나 대륙이라는 이름을 들어본 적이 있나요? 이 이름들은 아무리 지구본을 돌려 보아도 보이지 않아요. 도대체 어디에 있는 대륙일까요? 마치 아틀란티스처럼 존재하지 않는 환상의 땅일까요? 아니에요. 이 대륙들은 분명히 존재했답니다. 아주 먼 과거에 말이죠.

독일에 살던 베게너라는 사람은 우연히 세계 지도를 보다가 놀라운 사실을 발견합니다. 남아메리카의 동쪽 해안과 아프리카의 서쪽 해안의 모양이 놀랍도록 일치한다는 사실을 말이죠. 마치 과거에 하나였던 땅을 갈라놓은 것처럼 두 해안선의 모양이 비슷해 보였거든요. 원래 기상학자였던 베게너는 이 사실에 흥미를 느껴 그 뒤로 두 대륙의 생물들에 대해서 연구를 했어요. 그랬더니 두 대륙의 생물들 사이에도 과거에 같은 조상으로부터 갈라진 가까운 친척 관계가 있을 거라는 유력한 추측을 하게 되었어요. 베게너는 이런 사실들로부터 한 가지 가설을 이끌어냅니다. 즉, 아주 아주 먼 과거에 아프리카와 남아메리카는 붙어 있었을 거라는 생각이었죠.

당시만 하더라도 대륙이 움직인다는 사실은 믿기 어려운 것이었어요. 게다가 베게너 역시 왜 거대한 땅이 움직이는지 이유를 설명하지는 못했죠. 지질학의 전문가도 아닌 데다 이유를 설명하지 못하면서 추측만을 제시했기 때문에, 전문가들은 베게너의 생각을 무시했어요. 베게너가 처음 이 아이디어를 내놓은 뒤(1915년) 한참의 시간이 흐른 뒤에야 베게너의 생각이 옳았다는 것이 밝혀졌답니다.

이것이 대륙 이동설이에요. 이제는 지구가 녹아 있는 용암인 맨틀의 층 위에 지각이라는 껍질이 떠 있는 구조라는 판구조론이 정설로 받아들여지고 있고, 맨틀의 대류에 의해서 지각이 움직이는 현상이 대륙의 이동이라는 것을 알고 있죠. 다만 대륙의 이동은 아주 느린 속도로 일어나기 때문에 우리가 직접 그 증거를 확인하기는 어려워요. 맨틀의 대류에 의해서 땅이 솟아나거나 아래로 끌려 들어갈 때 생겨나는 현상인 지진이나 거대한 화산 활동에 의해서 간접적으로 그 증거를 확인할 수 있을 뿐입니다.

베게너의 생각에 따르면 아주 오래 전에 지금의 육지는 하나로 이어져 있었다고 해요. 이 고대의 초대륙 이름이 바로 판게아입니다. '모든 땅'이라는 뜻의 그리스어에서 만들어낸 단어라고 합니다. 이 땅은 약 2억 년 전에 존재하던 땅이었는데 그 뒤 공룡의 시대인 주라기가 찾아왔을 때 북쪽의 로라시아 대륙과 남쪽의 곤드와나 대륙으로 갈라졌죠. 로라시아 대륙은 북아메리카, 유라시아(유럽, 아시아)의 옛 모습이고 곤드와나 대륙은 남반구에 있는 남아메리카, 아프리카, 오세아니아 등의 옛 모습이에요. 여러 대륙들이 과거에는 하나로 이어졌었다는 생각은 놀랍지 않나요?

더 놀라운 것은 앞으로 먼 미래에 똑같은 일이 일어날 수 있다는 것이에요. 대륙은 지금도 이동하고 있기 때문에 앞으로도 과거의 판게아나 로라시아, 곤드와나처럼 거대한 초대륙이 생겨날 수 있다는 것이죠. 그렇게 된다면 지구에 살고 있는 생물들의 모습은 또 어떻게 달라질까요? 호기심을 갖고 탐구해 보고 싶지 않나요?

더 생각해 보기

- 우리가 살고 있는 한반도는 과거에는 대륙(중국)과 섬(일본)이 모두 붙어 있는 구조였습니다. 언제 우리가 살고 있는 한반도가 만들어졌는지 알아봅시다.

넘나들며 질문하기

창의적 독서란 책이 주는 정보를 정보 그대로 이해하는 것이 아니라 자기 것으로 만드는 독서를 일컫는 말입니다. 이 책에서 넘나들기를 한 분야 외에 세상의 많은 분야와 정보가 모두 이 책을 중심으로 뻗어나갈 수 있을 것입니다. 이 질문은 여러분들이 창의적인 상상을 할 수 있도록 도와주는 것들입니다. 최선의 답은 있으나 정답이 있는 것은 아닙니다. 책의 내용과 관련지어 다음과 같은 질문들에 간단하게 생각을 해 봅시다.

질문

지도를 만드는 방법을 지도 투영법이라고 합니다. 우리가 일반적으로 사용하는 지도는 메르카토르라는 사람이 만든 메르카토르 도법이라고 해요. 지구본을 원통으로 둘러싸고 그 원통에 지구의 모습을 옮겨 그린 뒤 그 원통을 펼치는 방법이라고 이해하면 쉽습니다. 이 도법은 동서남북의 방향은 정확하지만 그 모양과 면적이 크게 왜곡됩니다.

둥근 지구를 평면의 지도 위에 옮기는 방법을 상상해 보세요. 방향(동서남북), 거리, 면적 등 지형의 다양한 성질이 어떻게 보존되거나 왜곡되나요? 과연 '정확히' 옮기는 것이 가능할까요?

질문

지구의 평균 온도가 올라가는 것을 온난화라고 부릅니다. 지구의 기온이 일정한 주기로 오르내리는 것은 자연적인 현상이지만 인간의 활동으로 인해서 이 현상이 가속화되기도 해요. 그래서 수십 년이 지나면 우리나라는 아열대 기후로 바뀔 수 있다고 합니다.

한반도의 기후가 아열대 기후로 바뀐다면 무엇이 달라질까요? 자연환경부터 생활방식까지 어떻게 달라질 지 상상해 봅시다.

질문

나일 강은 매우 긴 강입니다. 그래서 아프리카 내륙의 낙엽이 쌓여서 생긴 부엽토를 홍수를 통해 사막 지대인 이집트까지 실어 날라 비옥한 토지를 만들어 줄 수 있었습니다. 그래서 이집트 사람들은 범람으로 생겨난 이 토지를 '검은 땅'이라고 불렀다고 해요. 사막 지대에서 고대 문명이 생겨날 수 있던 것은 나일 강의 축복 때문이었습니다.

4대 문명 발상지를 살펴보고 거대한 강과 문명의 발생 사이에 어떤 관계가 있는지 추론해 보아요.

질문

(가) 2010년 덴마크의 코펜하겐에서 열렸던 세계 기후회의에서 환경단체의 대표자들뿐만 아니라 학자들도 지구촌의 인구 증가에 대해 깊은 우려를 나타냈다. 1950년대에 25억 명 정도였던 세계 인구는 현재 65억 명에 이르고 2050년경에는 100억 명에 이를 것이라는 지적이다

(나) 1970년 한국의 합계출산율은 여성 1인당 4.53명이었으나 지속적인 가족계획의 실시로 1983년에는 2명 이하로 떨어졌다. 이후 1.6명 수준에서 안정되어 왔으나, 2000년대에 접어들면서 2004년 1.16명, 2005년 1.08명, 2007년에 1.25명, 2008년에 1.19명, 2009년에는 1.22명에 이르렀다.

세계 인구는 늘고 한국의 인구는 줄어들 예정입니다. 그렇다면 어떤 문제가 발생할까요? 그 해결책은 무엇일까요?

질문

사람들이 살기 위해서는 먹을 게 있어야 하죠? 우리는 쌀(벼)을 주로 먹지만, 쌀은 원래 더운 지방에서 잘 자라는 작물이기 때문에 추운 지방에서는 다른 작물을 주식으로 해야 해요. 벼, 감자, 밀, 옥수수를 세계 4대 식량 작물이라고 합니다.

4대 작물의 주요 생산지를 찾아보세요. 작물의 생산지이면서 기아 발생지가 있다면 그 이유는 무엇일까요?

질문

도시의 발달은 이른바 대중을 탄생시켰습니다. 같은 지역에 많은 인구가 모여 살기 시작하면서 공동으로 문화를 향유하고 밀접한 이해관계를 갖고 빠르게 정보를 주고받으면서 '대중'이라고 불리는 대규모의 집단이 만들어진 것이죠. 하지만 오늘날에는 통신과 교통의 발달로 한 국가 전체나 세계 인구의 상당수가 하나의 '대중'으로 취급될 수 있을 정도로 밀접하게 연결되고 있습니다.

'지구촌'이라고 불릴 정도로 가까워진 이 지구에서 '대중'이 되지 못하고 소외된 사람들은 어떤 사람들일까요? 그들을 위해 우리는 무엇을 할 수 있을까요?

힌트!

OLPC(One Laptop Per Child) 운동에 대해 알아보세요.

질문

티베트는 고산 지대로 여러 가지 특이한 문화가 발달하였습니다. 농지가 부족하기 때문에 땅을 나누지 않기 위해 형제가 한 명의 아내를 얻는 일처다부제라든가, 시신을 매장하지 않고 새들의 먹이로 내어주는 조장과 같은 풍습이죠. 티베트 라마교의 승려들은 육식을 하기도 합니다. 이는 황량한 고산 지대에 적응해 살아가기 위해 만들어진 문화라고 볼 수 있습니다.

기후와 환경으로 인해 생겨난 특이한 문화에는 어떤 것들이 있을까요? 오늘날 세계가 가까워지면서 이런 문화들로 인해 생겨난 논란에는 또 무엇이 있을까요?

질문

우리는 추울 때 감기에 걸린다고 생각하지만 실제로 추운 지방보다는 약간 따뜻한 지방에서 독감이 잘 퍼집니다. 그 이유는 무엇일까요?

힌트!

사람도 자연의 일부이지만, 환경을 자연 환경과 인문 환경으로 나누어 볼 수 있습니다. 문명이 발달하면서 우리의 삶에 결정적인 영향을 끼치는 것은 인문 환경이죠. 하지만 쓰나미나 지진과 같은 자연 재해는 자연 환경의 결정적인 힘을 잘 보여준답니다. 둘의 영향을 구분해서 생각해 봅시다.

이어령의 교과서 넘나들기 지리편

펴낸날 초판 1쇄 2013년 4월 26일
초판 2쇄 2013년 6월 28일

콘텐츠 크리에이터 이어령
지은이 한지은, 정미선
그린이 송아람
기 획 손영운
펴낸이 심만수
펴낸곳 (주)살림출판사
출판등록 1989년 11월 1일 제9-210호

주소 경기도 파주시 문발동 522-1
전화 031-955-1350 팩스 031-955-1355
홈페이지 http://www.sallimbooks.com
이메일 book@sallimbooks.com

ISBN 978-89-522-2316-6 03980
978-89-522-1531-4 (세트)

책임편집 장선영